《家风的力量》系列丛书

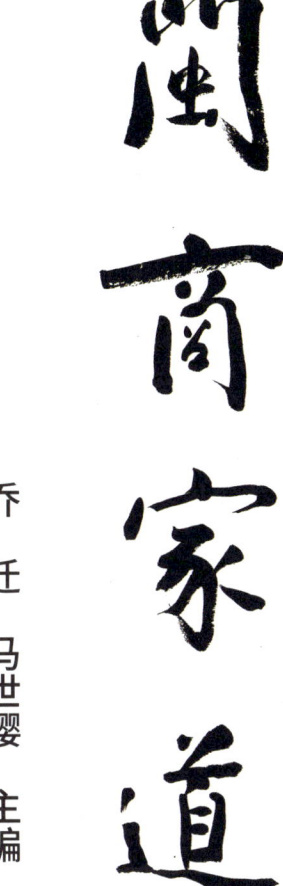

乔迁 马世樱 主编

汕头大学出版社

图书在版编目（CIP）数据

闽商家道 / 乔迁，马世樱主编 . -- 汕头：汕头大学出版社，2024.4
ISBN 978-7-5658-5287-9

Ⅰ . ①闽… Ⅱ . ①乔… ②马… Ⅲ . ①家庭道德－福建－通俗读物 Ⅳ . ① B823.1-49

中国国家版本馆 CIP 数据核字（2024）第 093776 号

闽商家道　　　　　　　　　　　　　MINSHANG JIADAO

主　　编：	乔　迁　马世樱
责任编辑：	郭　炜
责任技编：	黄东生
封面设计：	吴思萍
出版发行：	汕头大学出版社
	广东省汕头市大学路 243 号汕头大学校园内　邮政编码：515063
电　　话：	0754-82904613
印　　刷：	武汉市盛宏源印务有限公司
开　　本：	787mm×1092mm　1/16
印　　张：	12
字　　数：	145 千字
版　　次：	2024 年 4 月第 1 版
印　　次：	2024 年 5 月第 1 次印刷
定　　价：	62.00 元

ISBN 978-7-5658-5287-9

版权所有，翻版必究

如发现印装质量问题，请与承印厂联系退换

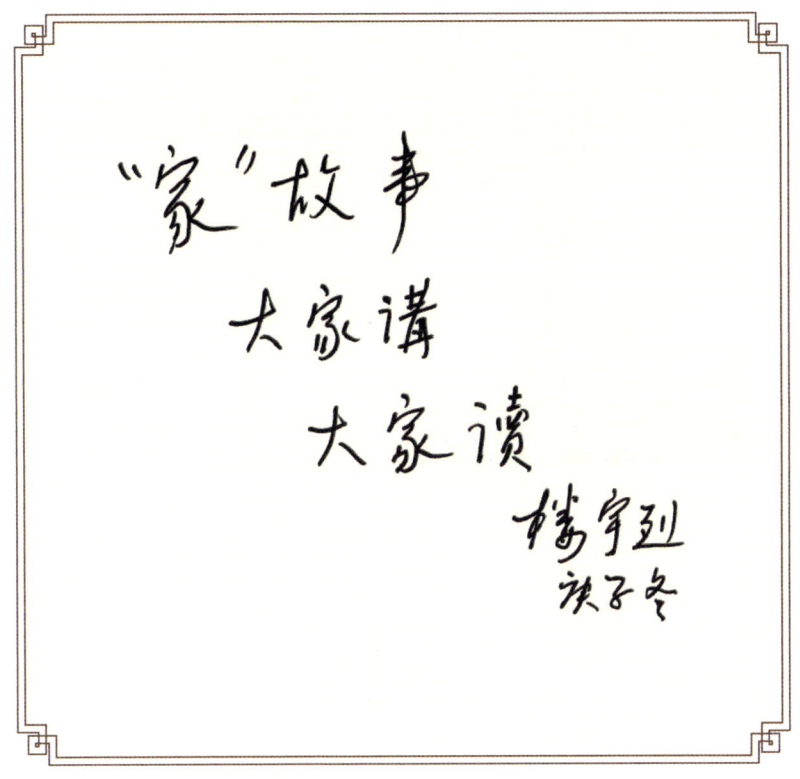

"家"故事　大家讲　大家读
楼宇烈　庚子冬

楼宇烈,北京大学哲学系教授,北京大学哲学系东方哲学教研室主任,北京大学宗教研究院名誉院长,北京大学学术委员会委员,健坤慈善基金会家风顾问。

徐宾鸿（右）与本书策划者之一陈忠坤合影

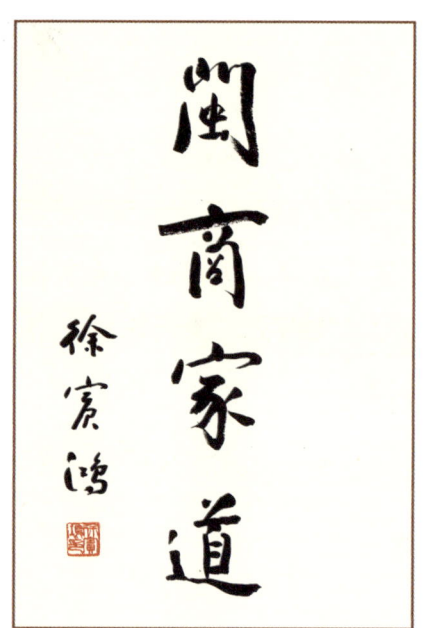

徐宾鸿简介

　　徐宾鸿，一九四〇年生，厦门书画家。美术学校（鼓浪屿）毕业，市老干部局退休。

乔迁简介

乔迁，中桥创投董事长，天使百人会创始会长，健坤慈善基金会理事长。

1995年创立神州新桥科技有限公司，经营实体企业15年后将其并购给东华软件。

2010年创立中桥创投从事创业投资，累计直接投资上百个创业项目和参与16支创投基金，并主导发起3支创投基金。

2013年牵头发起成立天使百人会，团结上百位企业家和天使投资人，汇聚百人智慧，成就创业梦想。

2016年独自捐资成立健坤慈善基金会，致力于家风、家教建设，弘扬中华优良家风，助推社风向上向善，传承好家风，兴家强国。

马世樱简介

马世樱，健坤慈善基金会家风丛书项目负责人，青少年公益梦想计划负责人。

曾任职北京高校工作11年，从事公益领域工作6年余。

设计实施家风公益项目"我的爸爸妈妈""家风的力量""我的家风我的家·传承"系列丛书，家风公益产品《中华家风箴言·家风日历》，主编出版《红色家风》《党员家风》《走近八名"七一勋章"获得者》《最美家庭》《国医大师家风传承》《鲁商家风》《闽商家风》《家风荣光》《国匠家风》《院士家风——宜兴卷》《守正出新》《清润湖风》《读你千万遍》等家风丛书；"家风的力量"系列丛书荣获中国共产党中央委员会宣传部2023年主题出版重点出版物。

设计实施面向全国青少年的大型公益项目"青少年公益梦想计划"。计划以启发、研究、实践、培育为核心四个维度的主题公益活动，全国300余所中小学校数万名学生参与。其中启发类"青少年公益梦想征集"包括"致中国梦·青少年公益梦想征文""青少年公益项目征集—公益学校、公益家庭、公益团体"；调查研究类"中国青少年公益素养调查"主要包括《中国青少年公益素养调查问卷》《中国青少年公益素养调查报告》；实践传播类"青少年公益梦想纪实"视频节目；培育增智类"青少年公益教育通识课"，课程涵盖对青少年、家长、学校老师三个维度的培训体系。

主持设计"健坤家风展暨中华家风论坛"，中国关工委主任顾秀莲等领导出席。

2022年起联合光明日报出版社、北京发行集团共同打造"2023、2024《中华家风箴言》"家风日历公益产品。

撰稿人简介

陈忠坤，现为厦门外图凌零图书策划有限公司总经理，《书香两岸》杂志社执行社长；中国民主促进会会员；福建省作家协会会员。其作品散见于加拿大诗刊《北美枫》《儿童文学》《散文诗》《闽南风》《怀化文学》《赤壁文学》《行吟诗人》等；有出版专业文章发表于《出版商务周刊》《出版参考》《书香两岸》等，累计数十万字。

罗罗，作家、诗人。创作作品超百万字。出版作品长篇小说《握不住你的手》、诗集《一生之城》、童书《耳朵在床上睡觉》、创作系列童话小说《月光小镇1：神秘的金豆子》《月光小镇2：睡在衣柜里的女孩》、童话《理查王和六颗巧克力星星》。小说、散文等作品多次发表于《中国中学生报》《客家文学》《课外语文》等杂志刊物。每天创作一首诗，刊登在各类报刊。

王坚，福建长汀人。毕业于国防科技大学，退役中校。自由撰稿人，历史人文项目策划人，中央苏区红色文化研究学者，《军队党的生活》《福建党史月刊》特约记者，福建省作家协会会员、福建省传记文学学会会员，厦门市商帮经济文化交流协会副会长。长期致力于原中央苏区口述历史的抢救挖掘和采访宣传工作，被授予"全国老区宣传工作特别贡献奖"。著有报告文学集《浴血归龙山》（解放军出版社）、《青山妩媚》（厦门大学出版社）、《追寻散落的红星》（厦门大学出版社）、诗集《岁月苔藓》（大众文艺出版社）、历史散文集《聊慰乡愁》（厦门大学出版社）等。

谈一海，诗人、作家、文化学者。

序一

传承好家风，兴家强国

我策划"家风的力量"丛书的起因，要从我的母亲说起。

母亲80岁生日之前，我一直在考虑应该送给母亲一件什么样的生日礼物。母亲从小寄人篱下，艰苦的生活促使母亲少年自立，她抓住一切机会努力学习，强化自己，在学习中非常坚韧，在工作当中异常努力，她46岁改行，68岁学开车……

回顾母亲八十年的人生经历，我突然意识到，这分明就是一部鲜活的人生励志教科书！几十年来，正是母亲锲而不舍的精神一直激励着我不断前行，让我坚信，只要向着目标不懈努力终将有收获。我更坚信，母亲的经历也会激励、启发更多的人，于是《我的偶像是妈妈》诞生了。这也是我创立健坤慈善基金会的第一个公益项目：《我的爸爸妈妈》单卷本家风丛书。

这本书中不仅记录了母亲的成长过程，同时也记录了母亲教育子女、操持家庭的理念。父母的言传身教，几十年来潜移默化影响着自己，激励着自己，成就着自己。从那之后，我对家庭、家教、家风进行了深入的思考，我发现，中华民族是一个有着治史传统的民族，爸爸妈妈们的故事，祖辈们的故事，他们曾经经历的生活，就是一个家庭的历史，无数个家庭的历史，就是构成我们中华民族伟大历史的一部分。

由此，健坤慈善基金会《家风的力量》系列丛书酝酿而出。丛书以口述历史的形式挖掘各行各业中杰出贡献者的优良家风，讲述家庭、家教、家风在他们人生关键时刻的重要影响，并将这些人物故事梳理成文、结集成册。丛书记录了他们坚韧、顽强、豁达、善良的品格。书中不仅讲述了他们的人生故事，更是在传承着他们为子孙后代留下的清白家风，为全社会树立家风典范。充分发挥家风涵养道德、厚植文化、润泽心灵的德治作用。通过榜样引领、思想引领，弘扬优良家风中蕴含的社会主义核心价值观，讲好中国家故事。

中国人历来讲究"修身、齐家、治国、平天下"，进入新时代以来，国家领导人更是重视家风文化的建设。在习近平同志看来，家庭是社会的细胞，"广大家庭都要弘扬优良家风，以千千万万家庭的好家风支撑起全社会的好风气"。

我认为"授人以鱼不如授人以渔"，希望通过这套丛书和选取的家风故事，能够带给普通家庭的父母一种教育理念，带给寻常人家的子女一种向上的动力。

我希望通过传承家风，让年轻人更懂得孝敬父母，珍惜美好生活；而父母懂得如何培养孩子独立生活的能力；让那些面临挑战的人能够拥有强大的内心去战胜困难；让那些已经获得成功的人，更愿意去回馈社会……更希望通过家风的力量，增进人们对家的深情，对国的热爱。

无论是"修身、齐家、治国、平天下"的成德，还是"老吾老，以及人之老；幼吾幼，以及人之幼"的爱之延伸，爱家爱国一直是中华传统文化所倡导的价值理念。每个人孝亲敬长、安居乐业，每个家庭都为中华民族这个大家庭作出贡献，才能集腋成裘、聚沙成塔，汇聚成强大的力量，实现中华民族伟大复兴。

帮助全社会重塑良好的家风，弘扬正能量，这是一种精神层面的慈善。

不忘初心，方得始终。

乔迁

2023年2月1日

序二

木长固根　流远浚源

2019年2月3日，习近平总书记在2019年春节团拜会上说道："在家尽孝、为国尽忠是中华民族的优良传统。没有国家繁荣发展，就没有家庭幸福美满。同样，没有千千万万家庭幸福美满，就没有国家繁荣发展。"

家庭是社会的基本元素，而良好的家风家训，则是家庭的精神内核，是家庭幸福美满的文化基石。因此，深刻挖掘中华民族优良家风家训，提炼升华出契合社会主义核心价值观、符合历史发展规律、顺应人民群众需求的优秀家风家道文化，以助力推动向上向善、共建共享的家庭文明，显得相当的重要。

健坤慈善基金会于2016年成立，以"弘扬优良家风，让中华好家风引领社会风气"为己任，倡导通过陪伴和聆听，促进家庭和睦、亲人相爱、向上向善，借以为创造美好幸福家庭、凝聚社会和谐，奉献绵薄之力。创会伊始，健坤慈善基金会就推出了"家风丛书"，目前已出版《我的偶像是妈妈》《白水鉴心》《守正出新》《义顺百年家事》《清润湖风》等数十种。其中，《守正出新》《义顺百年家事》《清润湖风》等书，便是委托厦门外图凌零图书策划有限公司（以下简称外图凌零）出版的。

厦门外图集团是中国外文出版发行事业局和厦门市人民政府共同投资设立，国家对台对外交流与文化贸易的重要平台，全国对台新闻出版交流基地。外图凌零出版策划有限公司是厦门外图集团核心出版企业，是国内极富特色的出版品牌。近年，图书出版事业做得风生水起，陆续推出了"少年中国"书系，如《少年陈景润》《少年李林》

《少年陈嘉庚》《少年林巧稚》《少年谷文昌》等；"名家系列"书系，如中国著名国学大师季羡林、中国当代散文大家梁实秋、中国台湾文坛教父黄春明、茅盾文学奖获得者徐则臣、中国台湾著名散文家张晓风、专栏作家刘原等名家著作；后续，还将为读者奉上更多精品图书的饕餮大餐。

外图凌零一定会成为健坤慈善基金会"家风丛书"出版的最佳合作伙伴。正是基于双方良好的合作，经由双方努力策划，历经两年精心打磨，《闽商家道》才应运而生。

《闽商家道》汇集10位各行各业杰出的闽商为采访对象，采访者在分享他们成功经商经验的背后，更注重挖掘每一位受访者的成长故事，以及影响成长的庭训家风，抒写了闽商"爱拼才会赢"那种搏风击浪不畏惧、勇于挑战不服输的奋斗精神。翻开书，一帧帧让人过目难忘的画面扑面而来：

蔡文胜，华侨的血液在他身上流淌，他"闯"出国门，但最终依然觉得祖国才是最好的归处，他归国挥洒热血。事业成功的他希望有朝一日"也能让鼓声喇叭声，在故乡的校园里再次敲响"。

姚明，以实业起家的他，在父辈乐善好施的言传身教下，深深根植于他心灵深处的"大家庭情怀"和"与人为善"的做人原则，梦想是"要多帮助需要帮助的人"。

李亚华，正因为有着"威严的父亲"接近严苛的要求，才激发她不服输、坚韧的性格，在绝地中坚守与雕凿。金刚钻的雕凿是有声的，而精神意志上的传承是无声的，这种传承浸透在其血脉里，内化成守护"影雕"的原动力。

罗远良，深受"家国同构"客家传统文化影响，在贫穷和苦难的童年中，母亲的"再穷也不能没有志气"一句话像一盏明灯，使他坚守客家人的"君子之风"底色，把同事、亲朋、乡邻都当成一家人；

王瑞祥，历经不安分少年的漂泊之路，始知"脚下的土地"和"眼前的亲人"才更值得珍惜。回归家乡的他，把"孝味"调入一碗碗的"鸭肉面线"，"家乡记忆"回馈他"味友"事业，他不忘初心反哺家乡。

郑希远，他本是一位纯粹的企业家，在商海沉浮中也收获了成长与成功，然而，"郑姓赋予我的使命，是鞭策我前行的动力"，他毅然放弃自己经营的企业和规划好的退休生活，余生竭尽所能，则是为了弘扬郑氏家风家训和郑成功精神。

李瑞河，这位来自台湾茶农世家、祖籍福建漳浦的"世界茶王"，因为受过贫贱饥寒之苦，使他比一般人更懂得体贴，更懂得感恩。他创立的"天福"茶品牌，虽在祖国东南一隅，却将代表中国传统文化的茶叶作为"和平饮料"重新推向国际舞台。

卢绍基，这位远赴新西兰求学且已成名的农业科学家，只因爱国爱乡的情怀，只因为祖国开创高科技农业、为社会创造价值的使命担当，依然放弃国外优裕的生活条件，回归祖国，回归乡野，在山林野草、田垄沟渠间中培育珍稀药材，也培育着心中的梦想与光荣。

刘国英，作为首批国家级非遗文化遗产"武夷岩茶"的制作技艺传承人，他将一生奉献给茶园，致力于将武夷岩茶发扬光大，同时，搭建产销一体化平台，致力于"帮老百姓卖茶，卖老百姓喝得起的放心茶"。

苏福伦，他是苏颂第二十六代孙，是厦门总部经济的率先倡议者，是中国泉商商帮品牌的旗手，是"闽商大爱、资本向善、共同富裕"的倡导者，被誉为"专业会长"，三十多年来，一心为会员、为政府、为社会创造价值……

《闽商家道》所采访的这10位企业家，折射出闽商敢为天下先的创新精神和爱拼才会赢的拼搏精神。正如苏福伦会长所说的："念祖爱乡的传统文化是闽商得以发展的根本。文化是内驱力，让闽商更果敢，更有魄力，同时更懂得顺势而为。无论闽商事业版图扩展到哪，事业做得多大，他们都心系乡梓。"正源于优良严格的家风祖训的世代传承，"闽商精神"才能凝聚成一股力量，引领闽商在祖国大地、在世界各地繁枝展叶。

魏征在《谏太宗十思疏》有曰："求木之长者，必固其根本；

欲流之远者，必浚其泉源。"有幸拜读《闽商家道》这本书，我被每一位企业家的人生经历所感动，也被他们的不同家道文化所感动。相信每一位阅读《闽商家道》的读者，一定会有所想、有所感、有所悟，且从中汲取精神力量，并身体力行，让人生的路走得更扎实，走得更远！

是为序。

申显杨

申显杨

厦门外图集团有限公司董事长兼总经理。从事文化和新闻出版工作30年，专注于两岸出版交流与合作，推动中国文化走出去。荣获韬奋出版奖、中国政府出版奖、中国书刊发行奖，是全国新闻出版业领军人才、厦门市拔尖人才。

目 录

蔡文胜：我的血液流淌着华侨奋进的基因

这鼓声、喇叭声，唱响着蔡文胜童年的梦想：有朝一日，他也要让这嘹亮的鼓声、喇叭声，在家乡的校园里响起。

陈忠坤

001

姚明：大爱与善——我的家园文化情怀

姚明的家风家教，就是和风细雨的爱的滋养。这份滋养潜移默化着他的生活观和人生价值观。

罗罗

021

李亚华：血脉里的坚守与雕琢

作为一个石雕工艺的传承人，李亚华希望自己能像父辈们那样，恪守祖训，带着行业的使命和情怀，抱着石头继续往前走。

王坚

038

罗远良：客家人的家风传承是我心底的那盏明灯

家风的力量就是在潜移默化中根植于你的骨髓，融入你的生命和血液里，在你为人处世和奋勇打拼的路上，为你点亮一盏明灯，照亮你前行的方向。

罗罗

057

王瑞祥：以味会友，孝道传家

"从母亲叮嘱我将鸭腿面线汤端给奶奶的那一刻起，我知道'孝'字有多重要，孝敬父母，孝敬亲人，孝敬朋友，孝敬社会，所以，'味友'始终恪守'孝'味，恪守'诚信'经营！"

陈忠坤

073

I

郑希远：郑姓赋予我的使命，是鞭策我前行的动力

"余生，我最大的事业就是竭尽所能弘扬郑氏家风家训和郑成功精神。希望通过我的绵薄之力，让这份光亮照亮更多子孙，影响更多人。"

罗罗

089

李瑞河："志在茗风缔大同"

原台盟中央主席张克辉盛赞李瑞河"把代表中国传统文化的茶叶作为和平的饮料推向国际舞台，为中国传统产业赢得了荣誉，是两岸茶叶界的光荣，更是全体中国人的骄傲"。

谈一海

107

卢绍基：挚爱故土的赤子心，永不停止的追梦人

"我们将继续推动中草药事业，积极参加'一带一路'建设，不但要把铁皮石斛推向全球，还要让中医的瑰宝在国际舞台上发扬光大，推动中医药文化一脉相传。"

罗罗

124

刘国英：瑶草芳华

对每个种植采摘细节的严苛，对综合性品质的追求，是对茶业的严谨，对购买者的负责，也是他对人生的态度。

王坚

140

苏福伦：诚意正心，大爱向善

他用自己理解的"规矩"，怀着"诚意正心""大爱向善"，身体力行，做一个苏氏家训、家风的践行者和传承者。

罗罗

157

附录：传承好家风 / 174

II

蔡文胜：
我的血液流淌着华侨奋进的基因

□ 陈忠坤

【人物名片】

蔡文胜，1970年出生，福建泉州石狮人，著名的天使投资人，厦门市荣誉市民。现任厦门美图之家科技有限公司董事长，隆领投资股份有限公司董事长。

2000年，蔡文胜进入互联网领域，投资域名并获得巨大成功。

2003年5月，创办265网址导航，并于2008年被Google收购。

2005—2007年，连续举办三届中国互联网站长大会，被广大站长尊称为"个人网站教父"。

2007年后，开始进行互联网投资，先后投资数十个优秀网站。

2016年胡润研究院发布的《2016胡润IT富豪榜》，蔡文胜家族以105亿元排名第35名。

操场上的鼓声喇叭声唱响我童年的梦想

1970年,蔡文胜出生于福建省石狮市,这座由泉州代管的县级市,位于环泉州湾核心区南端,市域三面环海,北临泉州湾,南临深沪湾,东与宝岛台湾隔海相望,西与晋江市接壤。这座美丽富饶的城市,是福建综合改革试验区,也是亚洲最大的服装城,同时也是中国最著名的侨乡之一。

石狮人出国侨居的历史始于宋元,至明代中后期,由于赋役苛重,土地兼并加剧,又加之倭寇骚扰,石狮人民惨遭荼毒,为了养家,更多石狮民众选择出洋营生,足迹遍及日本和南洋各地,后逐渐以旅居菲律宾群岛者为多。1840年第一次鸦片战争后,厦门成为西方殖民者掠卖华工的口岸,成千上万的石狮贫苦劳动人民,被掠卖到东南亚各地,成为石狮人出国史上最黑暗、最悲惨的一页。

随着时间的推移,加之各种历史原因,石狮侨民日趋增多。在蔡文胜出生的年代,华侨汇款及回乡投资大幅度增加,大大刺激石狮侨乡经济、文化、教育、卫生等事业的发展,石狮的街市一时间熙熙攘攘,热闹非凡。经济繁荣的同时,许多华侨也注意到当地基础教育的缺失,纷纷慷慨解囊,捐资兴学,下定决心改变祖国和家乡教育落后的面貌。

"在我上小学的时候,三不五时,就有华侨回乡为学校捐资助学!"蔡文胜用带着闽南口音的普通话追忆起来,"每逢这时,同学们戴着红领巾,个个脸上洋溢着笑容,来到操场整整齐齐地列队,准备迎接华侨的到来。此时,在学生组成仪仗队的引导下,捐资的华侨在众人的簇拥下走进校园,顿时,校园里响起了响彻天际的掌声,鼓声和喇叭声也显得更加嘹亮

2018年7月,蔡文胜荣获厦门市荣誉市民,由时任厦门市市长庄稼汉颁发证书

了!"蔡文胜说,这些捐资的华侨,在他心里都特别高大、伟岸!而陪伴他童年成长的鼓声喇叭声,也让他下定好好学习的决心,他希望长大了他也能出国赚钱,然后像这些华侨一样,风风光光地反哺家乡!

这鼓声、喇叭声,唱响着蔡文胜童年的梦想:有朝一日,他也要让这嘹亮的鼓声、喇叭声,在家乡的校园里响起。

我的外公是一名心系家国的老华侨

"之所以梦想当华侨,是因为我的外公就是一名心系家国的老华侨!"蔡文胜如是说。

蔡文胜的外祖父叫蔡奕芳。实际上,蔡奕芳本不姓蔡,原本姓陈,系南安人,因生家贫穷,五岁时被抱养到石狮蔡氏人家。蔡奕芳从小身强力壮,年轻时主要是跑船队,干一些搬运的活。他虽然书读不多,但很有自己的生意头脑。后来,有了积蓄以后,他逐步购置商船,并自己组建往来于中国与东南亚国家的船队。到20世纪50年代,他的船队发展到了三艘,并在印度尼西亚有了固定的生意。

"那时候,我外公常年往返于祖国与印度尼西亚之间,我母亲就是1948年全国解放前夕在石狮出生的。1949年,新中国的成立,让我外公感到特别自豪,此后,他将自己的六艘商船的旗子,全部换成了中华人民共和国国旗。只是让外公没有想到的,他的这一爱国行径,最终导致他多年经营的船队全军覆没。"蔡文胜介绍道,印度尼西亚后来爆发了大规模的排华事件,他外公的船队被当时的印度尼西亚政府全部没收,也因此导致多年经营的生意功亏一篑。据记载,从1965—1967年,与我国隔海相望的印度尼西亚,发动的让整个世界都为之震惊的反华排华事件,导致成千上万的华侨惨遭杀害,许多无辜而鲜活的生命永远停留在了那片悲凉的土地上。

"船队被没收后,我外公一无所有,他只好跑到菲律宾重新开创事业。我外公是一个非常有商业眼光的人,他当时到了离菲律宾首都马尼拉一百多公里外的一个小岛上,了解到当地主要发展旅游业和水果业,但遍地的椰子干一文不值,于是,他每日不怕辛苦，收集这些椰子干再转卖给别人炼油以赚钱，很快，他又积累了丰厚的财富，虽然岛上只有他一个华人，但他为人和善乐施，岛上的居民都把他当成自己人，有困难找他也必然会得到援助，甚至有些人欠下钱无力偿还的，便把土地、房子等抵押给他。到后来，随着他生意的发展，他还将这些土地、房子无偿返还给抵押给他的当地人。"说起了外公的创业史，蔡文胜的脸上洋溢着自豪的笑容，然而，让他更为自豪的，是他外公那颗火热的爱国心。"我听我母亲讲，其实，当时的菲律宾政府也是排华的，并规定只有拥有菲律宾的护照才能经营生意和拥有土地。我外公无奈，但又不想改变国籍，只好娶了一位菲律宾籍的妻子。即使后来菲律宾政府放开人口政策，允许长居的其他国籍的人可以申请加入菲律宾籍，我外公也不为之所动，坚持保留自己的中国国籍。"

讲到外公的奋斗史，蔡文胜滔滔不绝，可是，亲情远隔也让蔡文胜泛出忧伤："但因为我外公常年客居海外，与大陆的亲人聚少离多。1993年，我第一次去菲律宾，也是成年后第一次见到外公。我依稀记得小时曾经见过，但对外公完全没有印象。见到外公时，他听着收音机，收音机里用英文播报着国际形势，每逢播报到有关中国的新闻，他便显得特别兴奋，然后对我讲起毛泽东、邓小平等领导人的伟

少年时期的蔡文胜

1996年在菲律宾，蔡文胜与母亲、外公最后一次留影

大事迹，再神情激昂发表一番如何让祖国强大的评论。他举手投足间充分展现了一位老华侨的浓浓爱国心，这种炙热的情感让我非常感动，也潜移默化影响着我。"

"1996年，我带着母亲见了外公最后一面。那时，外公已经老年痴呆了，不太认得我和母亲，可他依然通过收音机、电视机了解中国的发展情况，嘴里依然常常念叨着祖国强大之梦。不久后，外公逝世，时年95岁，根据其遗愿埋于菲律宾的一座山上，墓碑面向祖国，如同游子含情脉脉凝望家乡，墓碑上则刻着他的本名：陈奕芳。"

蔡文胜说，他的外公，就是这样一个永不忘本的人。

/ 蔡文胜 /

父亲用军人的坚韧俘获了温文尔雅的母亲

"我有今天的成就,对我影响最深的,是我的父亲母亲!"蔡文胜感慨道。

据蔡文胜介绍,他的父亲叫蔡友权,出生于1935年。当时的中国内外交困、社会动荡不安,民不聊生、暗无天日。农民出身的蔡父,本就家境贫寒,又兼之兄弟姐妹八人,平日里更是有一顿没一顿的。好在熬到中国共产党领导全国人民解放了,蔡父才终于有了饭吃,而且还有了书读。蔡父从小吃苦耐劳,读书刻苦,他以优异的成绩从泉州五中高中毕业后,便踏上了参军路。军队的生活更加磨炼了蔡父坚忍的意志,遇到什么事情他都能扛得起放得下,因为关爱他人、不计得失去、不怕牺牲,战友也很尊敬他,1958年的金门炮战中,他被推选为班长,退伍后复员到了晋江县(今晋江市)水电局工作。

"正是在那时,我父亲遇到了他生命中最重要的那个她——我的母亲。当时,我母亲作为学习毛泽东思想的积极分子,被安排到晋江县(今晋江市)水电局辅助我父亲工作,成为我父亲的助手。面对眼前这个温文尔雅、端庄秀丽的华侨子女,我父亲心动了。"蔡文胜顿

蔡文胜父亲蔡文权年轻照

了顿,继续说道,"这里我为什么要强调华侨子女,是因为当时,在我们石狮老家,普通人家都以能和华侨家庭联姻为荣。那时候,我们村大约有一千多人、几百户人家,而十户人家就有九户是华侨,唯独我父亲一户跟华侨没沾上边。所以,母亲的华侨子女身份,也是吸引我父亲的重要因素!"蔡文胜说完,自己也被逗笑了。

"可是,那时我父亲家的情况与我母亲一家相差太大了,而且,我父亲的年纪又比母亲大了整整13岁,我母亲怎么会看上呢?况且,巧合的是,我父亲和母亲都姓蔡,根据当地的风俗,蔡氏内部是不通婚的,除非是远地的。种种的困难摆在面前,但我父亲并没有被吓倒,反而是以自己军人般的坚韧意志,用永不服输的精神,终于打动了我母亲,俘获了母亲的芳心。"

闽南有一首歌叫"爱拼才会赢",曾经传唱大江南北,这首催人向上的闽南语歌曲,也正是那一代闽南人抱定信心、努力奋斗的真实写照。"我父亲对我影响最大的,也是这一点,无论遇到多大的困难,他从不抱怨,从不把坏情绪带回家,在我们面前,他永远都是以积极向上的态度、永不服输的精神面对生活。而我母亲,从嫁给我父亲的那一刻起,就用她的坚强、勇敢、温和、善良支持着她身边的这个男人,用她传统女性的温润,支撑起这个家!"

"可是,我父母当年结婚,还是因为同姓'蔡',在当地引起了很大的非议,但这门婚事还是多亏了我开明的外公,因为在我外公的潜意识里,他一直不忘自己姓'陈',因此他的女儿也不是姓'蔡',便无须介意世俗的说法。也许,在我外公心里,姓什么并不重要,重要的是一个人的本性和纯心。而这些正当的东西,正是我父亲身上所闪光的!"都说,好的父母是孩子的良师益友,也正是父母淳朴的情感和他们共同创造的温馨的家庭，以及乡村人不浮华的言传身教，开启了蔡文胜不怕磨难、敢打敢拼的创业人生！

艰苦的童年磨砺了我成长的意志

按理说，蔡文胜的父母都有稳定的工作，外公还是菲律宾华侨，他的童年应该是过得很富足才对。可是，谁能料得世事多生变故，特别是在那个特殊的年代？

"我有一个哥哥，1967年出生的，那时恰逢'文化大革命'战斗轰轰烈烈，故被取名'蔡文战'。我是1970年出生的，在我父辈眼里，1969年中国共产党第九大召开了，就意味着'文化大革命'胜利了，故我被取名'蔡文胜'。"也许，乡村人寄意的只是对稳定生活的向往，怎知这一场"文化大革命"在当时还远远没结束呢？

"文化大革命"给党、国家和各族人民带来严重灾难，普通家庭的生活更是陷入水深火热之中。那时候，国家实行计划经济，人们的生活大都依靠各种粮票。粮票是特殊经济条件下的历史产物，记载着一段新中国历史上异常艰难的岁月。粮票建立的初衷就是为了让人们都能吃上饭，但是，由于物资贫乏以及商品粮基地分布的不均衡，一些产粮低的地区或遭受自然灾害的地区，常常出现粮食危机。石狮虽是华侨之乡，但农业并不发达，缺粮少粮是常有的事。在那样的年代，穷怕了的石狮人即使分到了粮票、肉票、食用油票、布票等商品票，也舍不得全部拿去兑换，于是，就有很多商品票流通起来，有些人开始投机做起了倒卖商品票的生意。

蔡文胜与雷军留影

"那时候,我母亲刚生完我,我哥哥又小,生活的重担一下子全部压在我父亲身上。父亲因为工作关系,认识很多有商品票的人,又因为往来泉州的华侨也常向他问起,他便从中撮合,以赚取一些差价养活一家人。"

"我父亲的生意行为,并没有给这个家带来长久的温饱,不久后他被举报,因此被打为'投机倒把分子',不仅丢了工作,还被罚款1500多元人民币。"那时候,普通工人的月薪不及30元,这笔罚款,对蔡家来说无异于天文数字,从此后,蔡家的日子变得更加的艰难。"后来,我母亲只好向我外公和香港的一些亲戚借钱,有多少凑多少,几百元的,几十元的,我听我母亲讲,凑到最后还是差了几百元,一家人辛辛苦苦的,最后是把自家的木房子拆下来卖木板,才还清这笔罚款。"说到这里，蔡文胜充满忧伤，他抽了口烟，吐了一口雾，双眼看了一会儿窗外，许久，才又缓缓讲述起来，"所以，从我懂事起，我就知道我家很穷。小的时候，我捡过牛粪，放过牛，卖过冰棒，卖过油条，种过水稻……1976年，眼看同龄人都去上学了，我也哭喊着要去读书，可父亲担心我太小想让我延迟上学，我以为是父亲不让，心里很是拗气。后来，我母亲找邻居借了学费，让我上了学。正是母亲的坚持，我才如愿踏上上学路！"

社会多浮沉，哪怕头破血流也要拼搏闯出去

20世纪70年代末、80年代初，中国改革开放的历程首先从农村开始，随着中共中央《关于进一步加强和完善农业生产责任制的几个问题》通知的贯彻，以家庭承包为基础、统分统合的合作经济新体制逐渐取代了旧的三级所有、队为基础的人民公社体制。蔡文胜父亲因为曾是退伍军人，又是高中毕业生，是村里不可多得的人才，所以很快就被借用到村大队担任会计。蔡家的生活也逐渐好转起来，供养孩子读书也不那么艰难了。可是，在改革开放的春风吹向大地、一切都生机勃勃的1985年，正在读高中一年级的蔡文胜回到家，却告诉父母他要辍学！

这让父母特别诧异，平日里一直好学求上、成绩名列前茅的蔡文胜，这是受什么刺激了？也许，蔡文胜的父母根本就想不明白，那时候，随着改革开放浪潮的到来，在石狮这个华侨之乡，掀起了一股轰轰烈烈的下海经商热浪。

"一方面，在我读书那年代，'文化大革命'才刚刚结束，全国高考基本都停了，读书的风气非常低下。到了我读高中时，虽然我成绩还是非常好的，但那时全国刚恢复高考，在我们当地，大学录取率不及百分之一，许多高中毕业生也没有更好的就业出路。另一方面，作为华侨之乡的石狮，拥有众多的华侨资源，许多人由此发现商机——由于当时国内底子实在太弱，海外民生用品只要进入国内，基本卖空，而且利润翻十倍百倍。石狮人的骨子里就有经商的基因！后来，随着资本的原始积累，许多石狮人逐渐开创工厂，将产品销往全国各地，一下子又赚得盆满钵满。我们身边许多人初中、高中辍学去经商，突然就一夜暴富，这也让年轻人越发觉得诱惑！"

其实，从蔡文胜言谈中可以发现，他对自己没能继续读书，也是充满遗憾的，在说到自己学习成绩的时候，他显得自信多了。但路是自己选择的，那就不能后悔。"1985年，我也从高二辍学，然后找了一位同学一起创业。我们从亲戚朋友挪借了五百块，开始在街边摆地摊卖一些小商品：计算机、化妆盒、粉饼盒、打火机……当时，石狮是整个福建甚至是全国小商品的集散中心，经济高速增长，服装企业在这时开始发展起来，打工者也从各地蜂拥而至，热闹的人群也让我们的生意非常火爆，没多久，我就赚得人生的第一桶金！"

"我得感谢我的堂兄蔡炯明，从小他就住在我家的隔壁，是我人生的第一个创业偶像。1988年，他创立了斯特兰品牌，当时就赚了几千万。他创办的'金犀宝'，是福建最早到中央电视台做广告的服饰品牌，1998年成为第一家在香港上市的福建公司，比恒安都早几个月。是炯明让我记住了'创业''企业经营'和'香港上市'三个概念。"蔡文胜感叹道，"从学校走出来，我便没有回头路，哪怕头破血流，我也得勇敢地闯出去，与商海共沉浮！"

我要当华侨，出国是为了更好地回国

可是，蔡文胜注定是一个不安分的人！童年的蔡文胜，就有了"当华侨"的梦想，在赚得第一桶金后，他出国的心便开始蠢蠢欲动。20世纪80年代初，"出国"这个词语有着一定的"贬义"。在不少人观念中，出国是有重要政治身份的人才能去做的事；某个普通人要出国，则意味着这个人有"危险"的海外关系和"投敌叛国"的嫌疑。那时，出国人员基本上是政府公派人员，很少有普通市民申请的。可是，蔡文胜就是想去国外看看，一是因为当时石狮已经形成了"华侨"风气，似乎只有当上"华侨"，才能回乡光宗耀祖；二是在福建沿海，一直有着"海外淘金"的传说，蔡文胜认为自己尚年轻，更应该踏上自己的"海外淘金"路。

蔡文胜在中国站长大会上发言

2005年4月，蔡文胜发起举办了第一届中国站长大会

　　于是，蔡文胜把出国的希望寄托在菲律宾的外公身上。在当时，政府对出国者的审查是很严格的。因私出国更是麻烦，也相当困难，必须先绕道香港，转而去其他的国家。可当时去香港名额也有限制，申请的人多，分配名额少，等待的时间长。1986年，蔡文胜申请去菲律宾探亲，按要求提交各种材料，又历经多次问询，1991年才拿到护照。这一年，刚拿到护照的蔡文胜，第一次去了香港旅行，而繁华的香港也让蔡文胜震惊："我一直认为石狮应该算得繁华的都市，可是到了香港，我感觉自己就是井底之蛙！"这次的香港之行，也更坚定了蔡文胜移民的决心。

　　1993年，经过几年的准备，蔡文胜通过旅游探亲的方式，终于实现了去菲律宾的愿望，后来，他又以投资移民的方式，获得了当地政府的居住权。1995年，蔡文胜回国便带着全家人去了菲律宾。他此行并不是为了投靠外公，最重要是想通过自己的努力，寻找适合自己的发展之路。很快，他就办了一个专门帮人家办护照或者移民手续的旅行社，后来又做起了国际贸易。几年间，蔡文胜在异国他乡摸爬滚打，本以为畅通光明的

"淘金"之路，却不是"康庄大道"。在当地，语言的沟通主要以本地话和英语进行，这对语言能力薄弱的蔡文胜来说，想融入当地的主流社会是很难的；而且，他来菲律宾只图发展，并不想改变自己的中国国籍，这也导致他很难获得更好的发展资源。因此，即使他找到了生财之道，但这与他的"出国是为了更好地回国"的梦想相去甚远！他越来越明白，为什么海外游子那么挂念家乡，那么挂念祖国？是因为身居异国他乡的人，想干出一番事业，必须付出比常人更多的努力与艰辛，必须挥洒更多的血泪。艰难的异乡生涯，谁不思念故土？谁不思念亲人？海外之行，让蔡文胜积累到不仅仅是物质财富，而是开拓了他的视野，以及对这个世界新的认知！他的眼光，也开始从海外，转向自己的祖国，他开始关注国内的发展，关注家乡的发展……

创业，再创业，不当华侨
我也要回国挥洒热血

1999年，蔡文胜一次偶然途经香港之时接触到互联网。那一年，受全球互联网投资热潮影响，香港的互联网、电脑软件、电子商务等迅速发展，特别是1999年的下半年，以美国纳斯达克市场为主的网络股票不断走高，刺激各地互联网投资膨胀，香港也紧跟其后，几乎每天都有新的互联网公司或与其有关的公司宣布成立。在这种投资热潮下，蔡文胜抱着试一试的心态第一次投资了一支互联网公司的股票——盈科数码，没想到竟获得丰厚的回报。

2016年12月15日，蔡文胜倾注大部分精力创办的厦门美图公司，成功在香港联交所主板上市

而那一年，受美国亚马逊书店和DELL成功的启发，"忽如一夜春风来"，中国互联网可谓遍地开花，截至1999年6月30日，国内上网用户数就已超过400万。国内的个人主页，如黄金书屋、海阔天空、华军软件园等，人气极高，有的访问量达到日均10万。随着上网用户数的增加，电子商务也随之火爆起来，许多人由此看到机会与希望，纷纷投身互联网创业热潮。那一年，百度、阿里和腾讯创立，同年创立的还有携程和当当，由王峻涛成立的8848网站，也成了中国最早的电子商务网站。"我也下定决心，要重新创业，并且是确定好了创业的方向：从事互联网！"那时的蔡文胜非常坚定自己要做互联网的决心，"可是，我英文不好，菲律宾也没有互联网的创业环境，所以，我决定回国！"

2000年，蔡文胜拖家带口回到离家乡石狮不远，同属闽南地区的厦门市。那时，石狮虽然商业氛围很好，但缺乏互联网的创业环境。厦门经济特区于1980年批准设立，1984年2月邓小平同志视察厦门后，特区范围扩大到全岛，并逐步实行了自由港某些政策。自此，这片土地翻开了开放发展新篇章，经济发展一路腾飞，其优质的投资环境，吸引了大量的投资者前来。到了厦门经济特区创立20年的2000年，厦门市综合实力大大增强，人均国内生产总值大大提高，城市面貌焕然一新，城乡人民生活质量明显提高，各项社会事业全面发展。这样的城市，怎么不吸引心怀大志的蔡文胜呢？

蔡文胜初入互联网领域创业，一开始以投资域名起家，并获得巨大成功，如今国内很多出名的互联网公司的域名，皆出自蔡文胜之手，他成为了名副其实的"域名之王"。2003年5月，在看到网站导航的巨大市场价值后，蔡文胜决定将企业搬到北京，以拓阔更大的视野，期间，他创办的导航网站265.com，先后获得IDG和Google投资，2008年则被Google以数千万元收购。

从2005年到2007年，蔡文胜开始进行互联网投资，他连续在厦门举办三届中国个人站长大会，帮助了很多个人网站向企业转型，因而在业内被称为"个人网站教父"和"站长之王"。

此后，蔡文胜先后投资了包括58同城、暴风影音、网际快车、4399、同步网络、飞鱼科技、知乎、美图秀秀等在内的数十个互联网项目，他投资和创建的上市公司遍布美国、澳大利亚等国家。2010年，蔡文胜和李开复、徐小平、何伯权、杨向阳、龚虹嘉、倪正东、曾李青、袁岳、雷军、包凡等人成立了中国天使会。2016年12月15日，蔡文胜倾注大部分精力创办的厦门美图公司，成功在香港联交所主板上市，成为继腾讯之后，当时在香港上市的最大的互联网企业。获得巨大成功的蔡文胜，因为常常站在创业者的角度思考问题，他不光对有前景的企业进行投资，还帮创业者出谋划策解决实际问题，因此被誉为"最懂初创者的天使投资人"。

从"域名之王"，到"站长之王"，再到"最懂初创者的天使投资人"，对于称号的转变，蔡文胜表示："读万卷书，行万里路。人这一生，学无止境。称号只是代表了我每个阶段不同的成长轨迹，以及扮演的不同角色，但这也恰恰说明，在不断的社会演变中，我也在不断地成长。"

有朝一日，我希望故乡的鼓声、喇叭声再次敲响

即使生意奔波劳碌，但对子女的教育，蔡文胜也是从不分心。"知识方面，我教不了孩子太多东西。但他们成长过程中，我一直把他们带在身边，希望孩子能看到父辈的辛苦，理解生活的不易，珍惜每一次学习的机会。"

"就如同我的父辈一样，他们的为人处世都深深烙印在我的脑海，他们永远都是用自己的勤苦与奋进，言传身教，教会我们怎么去做人，怎么去做事。"蔡文胜感慨道，"所以，在孩子的教育上，我会让孩子经常回乡拜祖，就是回到家乡的宗祠祭拜祖先。在我看来，拜祖有三个意义：一是知道自己的根在哪里，摆正自己的身份和地位；二是了解家族的情况，这是一种传承；三是找到归属感，正是家族的先人的庇护，我们

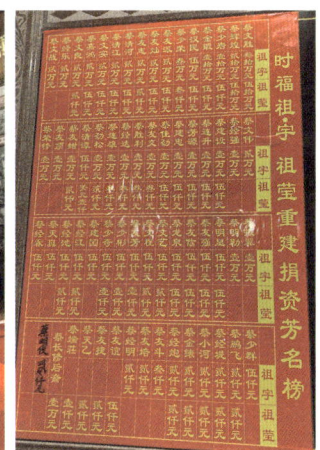

蔡氏宗祠落成典礼　　　　蔡氏祖茔重建捐资芳名榜

才能在前进的路上，哪怕碰到问题或是困难，也能做到永不言弃、永不低头！"

而目前，互联网的开发，与石狮的建设与发展定位不太符合，这让蔡文胜内心很觉得愧疚，他总是觉得自己亏欠家乡，也始终在寻找机会回馈自己的家乡。"是我的故乡哺育了我，可是我还没有回去做点什么。我曾给许愿：一是在有生之年，结合自己家族生活，写一部反映闽南人百年变迁的长篇小说；一是投身家乡教育事业或是捐资办学。在厦门发展的这几年，我越来越佩服伟大的爱国华侨陈嘉庚，他在海外创办实业的奋斗精神和心系桑梓的爱国情怀被世人传颂，他一生倾资兴学、赤诚报国的义举，深为海内外人士所景仰。想到陈嘉庚，我就回忆起我小学时期，三不五时，校园里的鼓声喇叭声就会响起。每逢这时，为学校捐资助学的华侨，就在众人簇拥着走进校园，他们是那么高大，那么伟岸！也正是这鼓声喇叭声，敲响了我童年的梦想，成为我奋进一生的执念！"

蔡文胜与采访团队合影

"这个执念，也因为我的血液里，流淌着华侨的奋进基因，我相信有朝一日，我也能让鼓声喇叭声，在故乡的校园里再次敲响。"

姚明：
大爱与善——我的家园文化情怀

□ 罗罗

【人物名片】

姚明，1966年出生于福建莆田，知名实业创业家，现任姚明集团董事长。

2010年，姚明获福建十大经济风云人物、厦门十大影响力人物荣誉。

2012年，获"影响中国的厦门十大商界领袖""厦门特区建设30周年（1981—2011年）厦门商界十大风云人物"荣誉。

2013年，获"第六届中国管理模式杰出奖"之"杰出领导力奖"，为全国唯一获奖者。

2015年，姚明获《世界经理人》"中国十大管理实践"之"卓越运营奖"。此外，姚明还获得"全国优秀企业家""福建省五一劳动奖章"等二十多项荣誉。姚明所带领的姚明织带饰品有限公司获得"中国优秀企业"称号。

2016年，姚明获"闽善2016民间慈善榜年度人物"奖，是福建省"2016年度魅力老板"厦门市唯一的当选人。

2017年5月，姚明集团被授予"2017年海峡品牌创新企业奖"。

姚明目前担任厦门市第十三届工商联（总商会）副主席、莆田市姚氏宗亲会会长、厦门市莆田商会创会会长、厦门大学厦门校友会会长等。

成功背后，一个"善"字拉开的家风序幕

孟子说过：君子莫大乎与人为善。"与人为善"就是吸取他人的长处，现在还有一重意思是善意帮助他人。与人为善是我们的传统美德。我们待人处世时以友好、善良的心态对待别人，这也体现自己的修养与心胸。

待人要以善意，做事要做善事，你播种什么就会收获什么。与人为善的人，别人都会与你为善。而这，也正是姚明集团董事长姚明的生活"座右铭"。

作为一名在商海沉浮中久经考验的成功企业家，他的故事充满了传奇色彩。十年，成就了世界第一丝带大王的传奇人

姚明出席胡润海峡财富领袖晚宴

生，也赋予了姚明董事长无数的光荣与梦想。

姚明的人生具有强烈的传奇色彩。他不走传统产业的道路，而是立足于风云突变的世界市场，以脚踏实地却又敢于创新、激流勇进的精神，探索出一条全新的现代化企业发展道路。1985年，姚明考入厦门大学经济学院企业管理系企业管理专业；1998年，他开启了自己的创业生涯，在莆田创办了雅美织带饰品有限公司；2004年，姚明任厦门创办姚明织带饰品有限公司的董事长，专业从事涤纶织带系列产品生产。仅仅十年，姚明织带就发展为全球最大的织带制造商。2009年，美国商务部发动对华窄幅织带"反倾销、反补贴"联合调查，全国涉事企业众多，但只有"姚明织带"应诉并完美胜出。姚明和他的"织带王国"从此饮誉中外，独领风骚。2014年，他在同行中率先走出国门，在印度办厂取得成功，成为中国海关批复、福建省第一个"出境加工手册"试点企业，为践行"一带一路"做出开拓性贡献。姚明强烈的敢为人先的创新精神和丰富的实践经验，具有不可比拟的典范性和启迪性。

鲜花与掌声的背后，是责任与担当；成功和荣誉的背后，是艰辛与拼搏。人们常说，看一个人头上的光环，要看一个人走过的路，更应该读他背后的故事。任何一个收获成功的人，都一定有一个非凡的成长故事。

《礼记·大学》有云："古之欲明明德于天下者，先治其国；欲治其国者，先齐其家；欲齐其家者，先修其身；欲修其身者，先正其心；欲正其心者，先诚其意；欲诚其意者，先致其知，致知在格物。物格而后知至，知至而后意诚，意诚而后心正，心正而后身修，身修而后家齐，家齐而后国治，国治而后天下平。"

家，是一个人人生的起点，也是培养一个人特定人格的第一所学校。中国人最为注重家风家训的传承。很多姓氏宗亲都有历代传承的"族谱""祖训"等文书，还会在家族祠堂里设立祖训牌匾传承家风文化。由此可见，家风的力量自古就颇为受重视。而中国人，更是如此。

那么，在姚明成功的背后，他从小所浸染的家风又是如何的呢？

什么是最好的家风？

姚明集团旗下的明馨天使会所坐落在美丽的鹭岛厦门，位于椰风阵阵的环岛路一线。大落地窗外是一片湛蓝湛蓝的海，蓝天白云相互映衬着，如一幅美丽的画卷。

我们就在这样一个阳光明媚的早上，见到了姚明集团的董事长姚明。

这次，我们没有聊姚明集团的发展史，也没有聊姚明先生自己的光辉岁月，我们聊"家风的力量"。

那么对姚明而言，对他影响最大的家风是什么呢？当被问到这个问题时，姚明陷入了思考。

"我是很典型的农村出身的孩子。父亲从小就去参军，母亲不识字，后来随军到城里，在莆田市区的一个工厂里上班到退休。我从小在军营里面长大，小时候家里条件比较艰苦，但是也很快乐幸福。如果说家庭里什么因素对我影响最大，回忆起来，印象比较深刻的应该是母亲与父亲一辈子相濡以沫的这种相伴。父母亲之间感情和睦、相依相靠，给我树立了一个非常好的、充满了爱的家庭榜样。我的母亲勤劳持家，待人和蔼而且性格开朗。我的父亲朴实、厚道、善良。现在，他们已经八十多岁了，相处还是非常和睦，从来没有吵过架。前一两个星期，母亲突患白内障失明做手术，父亲还十分地着急。我的父亲母亲经历了几十年风风雨雨，两个人仿佛已然成为一个共同体，谁也离不开谁。在我的品格养成方面，父亲对我的影响非常大。父亲对我们的家教比较严格，有作为军人耿直正义的一面，不求富贵，不求名利，他时常教导我们做人要善良、正直，要乐于助人。父亲也以身作则，用一个军人的担当、一个男人的担当，通过生活中的点点滴滴对我们子女的成长产生了很大的影响。"

青年姚明

从姚明的回首往事中，我们看见一个质朴善良却爱意满满的家庭，看见了姚明父母在生活的点点滴滴中传递的"爱与善"的家风力量。有爱的家庭氛围、自由快乐的生长环境，濡染了姚明，更造就了姚明，使他树立起了非常正确、向上的人生价值观，同时也成就了他敢于创新、突破自我的思想格局。

当下很流行一个词语，叫"原生家庭"。原生家庭决定着一个人的"出厂参数"，是后续校园教育和社会教育的基础，是塑造性格、品质、价值观的第一站。所以，原生家庭对每一个人的影响都非常大。这其实也正是我们中国人常说的"家风家教"。那是一个人出生和成长的自然土壤、阳光雨露。

姚明的家风家教，就是和风细雨的爱的滋养。这份滋养潜移默化着他的生活观和人生价值观。

乐善好施的言传身教

这里不能不再次提到姚明的父亲。说到父亲，姚明总是一脸的尊敬和崇拜。姚明的父亲是一位军人，也是一位善良的心系家乡的人。父亲经常教导姚明要做一个乐观、正直和乐于助人的人。

"乐善好施"是父亲从小对我的教育，这种教育在我的生命历程中一点一滴地影响着我。父亲的博爱和良好的生活心态，都对我的言行产生了很大的影响。

"我的家乡叫后洋村，村里有一所小学，也是我们村唯一的小学。小学年久失修、破烂不堪。由于生源流失，这所小学面临倒闭或撤校的风险。其实对于这所小学，我本人一开始并没有很深的感情和记忆，因为我九周岁就离开了农村，随军到了城里，一天都没去那里上过课。但是我父亲跟我讲，那是村里的唯一小学，如果没人帮忙的话可能就会被关掉，村里的小朋友就只能去别的村里或镇上的小学上课。父亲说，教育是国之根本，也是一个地方最好的风水。再穷不能穷教育，再苦不能苦孩子。无论如何，我们村的教育不能丢。在父亲的影响下，我回到村子，跟村里面的干部做了捐助事项的沟通。大约从2013年开始，我开始资助家乡的后洋小学，资助金额约两百万，并且每年都会拿出五万或者十万给老师和学生做奖学金。这样，老师觉得自己受到了尊重，孩子学习好也可以得到奖励，既提高老师的待遇调动其积极性，也鼓励孩子好好学习。另外，除了出资方面，我还改善了小学的校舍和教学设施设备，包括赞助图书、电脑等。经过努力，这所小学得以保存，终于使这些乡亲的孩子能够和城里的孩子一样，享受现代教育的明亮和幸福。"

姚明的行为，也激发了乡村其他乡亲捐资办学的热情。众人拾柴火焰高，上级有关部门也开始关注这所几乎被遗忘了的乡村小学，在各个方面给予支持，该校的面貌得到全面的改善。焕然一新的校舍，洋溢着现代气息的新操场，同城里学校一样的电脑教室，藏书丰富的图书馆……更让姚明欣慰的是，这些朴实的乡村教室和乡亲们的孩子，因为得到姚明的鼎力支持，学校的教风、学风大变。2007年秋季全区统考中，该校一、二、四年级的语文成绩和四年级的英语成绩居然取得全区第一名的好成绩。这是对姚明父亲和姚明以及所有支持该校师生的人最好的回报。

"父亲对这所小学非常有感情，因为他就是在这所小学毕业的。如今，村里面的小学成立了一个基金会，我的父亲是名誉会长。这是一件让父亲很开心也很自豪的事，因为他的善举影响了很多人、帮助了很多人。"

家风的传承，远远不只停留在家规的文字上，更应该是长辈一代代言传身教的行为。而姚明的家风，也正是这样一代代传承着。

"让孩子做自己"就是最好的家庭

教育家风的传承,很重要的一点就是我们是怎么告诉下一代,我们家族的家风是什么。

父亲告诉姚明,做人要"乐观、正直、善良、乐于助人"。姚明对自己的儿女又有什么期待呢?

说到自己的孩子,这位在商海沉浮中打拼多年的"老舵手"脸上露出温柔的微笑。

"我希望我的孩子健康成长就好,快乐就行。我并不愿意给孩子过多的压力,他们可以根据自己的兴趣爱好选择自己喜欢的课程或者才艺。我最为重视的是孩子的心理健康。现在的

姚明在工厂

社会，孩子们的压力很大，不少孩子有心理上的问题。这可能和当前的大环境和家庭教育都有关系，比如家长的攀比心理，总想把孩子培养成他们想要的样子。这样的教育模式导致了社会焦虑，非常不利于孩子的身心发展。而我的教育很简单，我尊重孩子们，充分相信孩子们，让他们自由自在地成长。我希望他们都能做一个有独立思想的人，都能有广阔的自由发展空间，都能做最好的自己。当然，基本的做人的道理是必须坚守的，我认为最好的家庭教育应该是塑造'权威型父母'——无条件爱孩子的同时，树立正确的必须遵守的规则。我经常和我的孩子们讲我父辈的故事，讲我自己的奋斗史，告诉他们今天的幸福来之不易，要学会珍惜，更要秉持我们家族一贯要求的做人原则，那就是'善良和正直'。"

如今，姚明的一儿一女都健康成长。儿子考上了国外的大学，选择了自己喜爱的专业。小女儿在国内上小学，虽然因为从小在国外长大，中文基础较弱，但凭着自己的努力和聪明，很快拉近了和同学的距离，每次考试都名列前茅。加上她思想独立、性格开朗、兴趣爱好广泛，成为一个人见人爱的"小公主"。这一切，都离不开姚明的家风熏陶和教育。让孩子做自己，给孩子最大的发展空间和自由，教导孩子从小学会感恩和善良。这些家风文化也成为姚明和孩子之间连接亲情的纽带和沟通的桥梁。

说到家风的传承，姚明有一个计划。他希望等孩子长大后，将父辈、自己和孩子们的相关资料找一个团队整理起来，做出一个体系，梳理出新时代的"姚氏家风"，并希望能一直传承下去。家风建设需要文化的传承，而通过整理出的文字传承，必定更有力量。而且随着时间的推移，这种力量会越来越大，文化也会越来越浓厚。姚氏家风"也必将影响更多的人、帮助更多的人"。

姚明精神——从"小家"到"大家"

作为一名优秀的企业家,除了管好自己的"小家"外,还得管好另一个"大家",那就是他的企业。家有家的文化,企业也有企业的文化。一个优秀的企业家,他的文化就是企业的文化,而他倡导的家风,往往也是他企业的"家风"。

二十多年的创业历程,姚明历经了无数风风雨雨。看着自己一手经营起来的企业—姚明织带,再到后面的姚明集团,他就像看着自己的孩子一样。

"我们企业提倡'家文化',在企业管理上,我们的口号是'专注到极致,坚持到第一。在我们集团,大家就像一家人,我们生活在一个'大家庭'里。大家平等互利,互助互爱,所有人本着利他的精神分工协作。所以,我们姚明织带在业内口碑还是非常好的,员工信任,伙伴认同,客户信赖。"

姚明集团的企业愿景是:成为受人尊敬的企业,让员工过上有尊严的幸福生活;企业的经营理念是:专注到极致、坚持到第一;企业的人才理念是:尊重员工价值,携员工一起成长;企业的客户理念是:以品质为载体,以技术为导向,以服务为依托,为客户提供顺畅、卓越的购买体验与解决方案。

由此可见,根植于姚明集团的文化始终以责任担当为己任,以员工和客户价值为重心。这是一个充满爱、责任和幸福感的企业。

在厦门姚明织带成立十周年的年会上,姚明说过这样一段感人至深、激情洋溢,又充满诗意的话:"我有一个梦想,跟随我的战友不仅能够丰衣足食,企业更是他们精神的栖息之地;我有一个梦想,和我一起合作的伙伴们,不仅能够提供高品质的产品，更拥有一颗进取之心，追求真理、探寻人生价值的真正含义，帮助更多的人幸福快乐；我有一个梦想，希望有一天中国不仅是一个经济强国，更是一个受人尊敬的国家。"

这是姚明发自肺腑的心声。细细品味姚明的三个梦想，人们可以发现：首先，他和跟随他的战友，不仅谋取物质上的利益，寻求丰衣足食，生产高质量的产品，更看重的是精神上的追求，让人们有精神上的栖息之地，进而懂得人生的真正价值；其次，他不是为自己一个人，而是让更多人过上幸福的生活；最后，他不仅是为自己的企业和伙伴，更是在为祖国的文明和繁荣强盛而努力，发愿使祖国成为受人尊敬的国家。因此，姚明的精神价值是为他人，为大众，为国家。三个逐步提高的层次所展现出的崇高境界，不仅集中体现了姚明内涵丰富的文化情怀中值得称赞的地方，也正是创建其企业核心体系的基本立足点。

人的精神价值集中体现于人生的价值观。姚明的梦想，是姚明的大情怀，也正体现了姚明集团的企业文化和价值观。作为集团的掌舵人，他始终把企业的使命和员工的幸福、客户的价值放在首位。这和他接受的"家风教育"是完全分不开的。

一家企业在发展过程中会有辉煌和成就，也会有困难和低谷。姚明在经营企业的这二十多年中，收获了许多成果，也经历过无数大

织带大王姚明

风大浪。他从一根并不起眼的丝带做起,历经多年奋斗拼搏,一路披荆斩棘,冲锋陷阵,攀登不止,最终做到这个领域的世界第一,成就了一番事业。后期又发展了多产业投资,打造了"姚明集团"的宏伟版图。

然而,个人创业谈何容易。姚明在此期间经历的艰辛和坎坷更是不为人知、数不胜数。姚明既没有什么靠山,也没有雄厚的资金,更没有三头六臂,就是凭一股创业的精神和激情,投身时代的激流之中,举步维艰而终将事业逐步做大。进入世界市场之后,面临的困难和挑战更是出乎他自己和人们的意料。其中,让他印象最深刻的就是美国商务部强加于他的"反补贴、反倾销"调查。

2009年,美国对中国输美窄幅织带产品发起一场惊心动魄的反补贴、反倾销的"双反"之战。面对这场决定企业生死存亡的挑战,姚明并不退却,而是在政府有关部门的鼎力支持和帮助下,积极应诉。

姚明织带系中国大陆唯一应诉的企业,结果完美胜出,以独享零关税的资格进军美国市场,继而大踏步走进世界100多个国家和地区。自此,姚明和他的"织带王国"饮誉中外、独领风骚。

这件事成为被人津津乐道的一个案例,被中华人民共和国商务部和高校当作典范。这一场官司打出了中国企业的骨气,也让姚明织带的企业品牌度得到大幅的提升,受到了客户和同行的尊重。

姚明织带凭借其"双反"胜诉和独创的"大销售、大生产、大库存"模式,确立了企业核心竞争优势,在不起眼的细分行业做出了不平凡的业绩,在国内涤纶织带行业拥有定价定标的领导力,是全球织带行业公认的具有巨大影响力的领袖企业,引领了织带行业的发展。移动办公与信息化技术实现了公司的精准化和时效性管理,实现了公司领导层思想的快速统一，支持了公司领导力和执行力的快速落地和高效运作。

在总结为什么能打赢这场"战役"的时候，姚明认为，归根结底在于经营企业过程中自己的战略和经营理念。一个著名的企业家一针见血地指出：很多企业不能成功，缺的不是资金，也不是人才，而是缺乏企业家的精神。而今天姚明集团的成功正是这种"姚明精神"的内涵在底层推动着一步步实现的。

什么是"姚明精神"？从企业的发展看，是他立足本土，敢于突破常规，与时俱进，不断创造，走最适合自己实际情况的道路的创新精神；从时代的视角看，是他跻身国际竞争，不畏强手，敢于维护自身的权益，面对挑战，傲然自立于世界舞台的担当精神；从科技的范畴看，是他不断采用现代化最新技术，精益求精，全力走科技创新之路的科学精神；从人格的魅力看，是他专注、坚韧、坚持到极致的持之以恒精神；从个人的品格看，姚明有很深的感恩情怀。他不忘每一个帮助过自己的人，当他有能力的时候，他也极其愿意帮助他人。

而这里说的感恩情怀，也正是姚明从父辈那感受并传承下来的家风。他牢记着父亲对他的教导：做一个善良正直的人。从小根植在心底的教育，就这样被姚明带到了创业中。在他的企业里，爱与感恩，也成了企业文化的根本。

无论家庭还是企业，从"小家"到"大家"，一个人骨子里的精神总是全方位地在自己的领域渗透。家庭教育、企业经营，看似没什么关联，却被一根纽带串联，这根纽带就是"家风的力量"。

"无论家族或者企业，我认为，都要与社会保持和谐，要与人为善，与社会结合，要多帮助需要帮助的人。我很爱我的家人，我也很爱我的员工，这个也是我父母对我的教育和期望，也是我的家园文化情怀。现在，我也是这样教育我的孩子和教导我的企业员工。"姚明说。

勇于承担、增强磨炼——对年轻人的寄语

当今社会，漂浮着一股急于求成、急功近利的浮躁气息。很多年轻人没有沉淀学习和厚积薄发的耐心，根基不牢，或者在各方面条件都还不成熟的情况下，就想着能创业成功、一举成名、一夜暴富。但是，创业何其难！年轻人自主创业的成功率其实非常低。

"我建议年轻人，特别是刚大学毕业的学生，应该先到企业进行锻炼。在企业里学习综合能力，比如人际关系的处理、公司规章制度、市场发展战略等。因为只有在比较成熟的企业里，才能有系统的学习过程。每一个企业，只要发展到一定规模，都经历过不成熟不完善的时期，而这些发展史就是很值得我们年轻人学习的地方。以史为鉴，可以知兴替。多学习、多锻炼，在实践中验证理论，在实践中增长见识，在实践中锻炼情商。只有这样，年轻人才可以避免走弯路，才能为将来的自主创业奠定良性的基础。"

"创业不易，且行且珍惜。"这是姚明作为一名"创业老兵"给年轻人的真诚建议，句句肺腑。创业维艰，要把一家企业做大做强，更是需要经历无数枪林弹雨，一路披荆斩棘，呕心沥血。这也是姚明在长期的实践中深刻的感悟——作为一个要统领企业全体员工的企业家，作为一个集团的领头人，他就是企业的灵魂和核心，就像一艘船上的舵手，把控着轮船航行的方向。而在家中，他也是一家之主，一言一行都代表了一位家主对家庭的价值观定位，也是"家风家教"的掌舵人、守护者和传承人。

勇于承担、增强磨炼，不仅是姚明对年轻人的寄语，应该也是他作为一位资深创业者，内心对自己的一份勉励吧。

姚明的家园文化情怀

"家风的力量"就是文化的力量。文化是人类一切物质成果和精神成果的总和，文化是一种养成习惯的精神价值和生活方式。精神价值和生活方式经过实践的历练和时间的沉淀，最后会凝聚为人格。文化往往难以触摸，人格却可以被深切地感受。

一个民族乃至一个国家，有集体人格，但作为个人，其人格上所展现的文化蕴涵却是千差万别。我们经常所说的人格的魅力，实际上是文化情怀的展现。

而姚明的文化情怀既有中国传统儒商"穷则独善其身，达则兼济天下"的文化精髓因子，又有现代社会兼顾集体主义价值观和个人主义价值观的元素。无论是企业还是家庭，姚明一直强调文化情怀的意义和价值。在家，他把父母的处世原则和谆谆教导当作立世之本，把孩子当作平等的个人和朋友，给予孩子足够的尊重和自由；在企业，他真诚地把员工当作家人，致力于"让员工过上有尊严的生活"，始终履行"以人为本"的文化理念。而姚明的这种文化情怀源于家庭的教育。深深根植于姚明心灵深处的"大家庭情怀"和与人为善的做人原则，历经岁月，成为了姚明深入骨髓的文化情怀，成为他自然流露的精神价值和生活方式。

这，就是文化的力量。

"爱与善"是祖辈留给我的最大财富

"这是心的呼唤/这是爱的奉献/这是人间的春风/这是生命的源泉/再没有心的沙漠/再没有爱的荒原/死神也望而却步/幸福之花处处开遍/啊/只要人人都献出一点爱/世界将变成美好的人间……"

姚明很喜欢著名歌星韦唯唱的这首《爱的奉献》。动听的旋律，不知唤起多少人心中浓浓的爱意。爱是人善良本性的表现，爱更是文化长廊中最为动人的风景。唱着这首歌，姚明走进了一个让他自己也让许多人感动的世界。从创业开始，姚明爱与自己一路走来的伙伴，爱自己的客户，爱自己的员工。姚明是个大爱之人。

而家庭是大爱出发的基地。姚明有个幸福之家，他也深沉地爱着自己的家人。姚明从父母的身上深深地感悟到，人生最珍贵的不是金钱，而是人生的境界，它包括情趣、追求、人生观、价值观。具备爱与善良的力量的人，才是这个世界上最富有的人。

"爱与善是祖辈留给我的最大财富，这样的家风也是我人生最大的宝藏。"这是姚明对家人和事业，对自己目前阶段的人生状态做出的最深情的表述。

最后，用一首姚明校友赠予姚明的诗作为结尾。愿每一个努力奋斗者的人生路上都有爱和幸福陪伴；愿优秀有厚度的文化力量能一直传承下去，让更多人感受到正能量。

姚明正在接受采访

在大海的怀抱里
每一个人都是赤子
剪一片浪花做纪念吧
于是
你就成为最幸福、最快乐的鱼

李亚华：
血脉里的坚守与雕琢

□ 王坚

【人物名片】

李亚华，艺名李雅华，祖籍福建省惠安县。国家级非物质文化遗产保护项目惠和影雕第16代传承人，福建省民间工艺大师。

2017年金砖国家领导人厦门会晤期间，惠和影雕作为福建省三个代表性非遗项目之一在厦门筼筜书院"习普会"上展演。李亚华创作的《普京》定制影雕肖像作品由习近平总书记赠送普京。

惠和石文化园被评为"国家AAA级旅游景区""福建省科普教育基地""海峡两岸石文化研究基地""福建省非物质文化遗产生产性保护示范基地""福建省文化产业示范基地""厦门市重点文化企业""厦门市闽南文化生态保护实验区先进集体"；荣获"美丽厦门新24景""厦门老字号"等称号。

李亚华个人获评"省级代表性传承人""福建省十佳创业女标兵""全国乡村青年民间工艺能手""福建省青年民间工艺大师"等。

李亚华影雕作品《纤夫》荣获福建省首届"青年民间工艺品制作大赛"银奖；作品《郑小瑛》荣获"中华优秀工艺作品奖"银奖；作品《盘龙图》荣获北京"紫禁城杯"文创大赛银奖；作品《盼》荣获福建省百花奖。

2015年11月惠和股份有限公司成功登陆新三板，成为石艺文化行业全国首家新三板挂牌企业。

燠热的暑气从凤凰花的树冠上悄悄地褪去了，天空碧蓝如洗，纯净得像孩子无邪的心。这样的时候很适合回忆和思考。在惠和石文化园的一间静室里，一缕沉香袅袅，平日里风风火火的李亚华品着一杯香茗，神情颇像卸下甲胄的将军。她目光划过四周，园区的一砖一石、一花一草都在恰当的位置，等候主人的巡礼。坐落于厦门岛中心繁花似锦的忠仑公园北侧，弥漫着浓郁闽南风情的惠和石文化园已然成为一个闪亮的文化符号，标注着李亚华作为石雕大师的倾心追求和忘我拼搏。这片洇染着汗水、泪水与心血的园林式建筑，是这个惠安女匠人最为钟爱的人生景致。从过往到如今，从如今到将来，李亚华注定要用一生捂热从祖辈手中接过的冷硬钢錾，最终完成自己精美灵性的温暖雕琢。

踩过沙滩的小脚丫

记忆中的岁月在李亚华的脑海中依旧如新。她的出生地东坑是惠安崇武古城边上的一个小村庄。相传崇武岛上的居民大部分是明、清两朝海防将士的后裔。尽管刀光剑影的战争杀伐早已远去，但边塞苦寒之地，土地贫瘠荒凉，物质资源匮乏，生存条件极为艰难。然而，中原故地源远流长的忠勇报国、孝亲敬祖、和善睦邻、百折不挠的品质，始终代代相传相伴。

"惠安《李氏祖训》申明：'子孙之身，祖宗之所遗也。尤木有根，无根则枯，如水有源，无源则涸……不敬祖宗则忘本，忘本则枝叶不昌。故岁时祭祀，晨昏香火，必敬必恭，无厌无慢。'父亲家在东坑村，母亲娘家在大岞村，两个村子相

李亚华在进行影雕创作

距七八公里远。惠安、崇武一带的习俗，每逢祖先忌日和传统节庆，女儿都要回娘家祭拜。"烛光映照，香烟缭绕。宗祠高堂上的祖宗神牌，在后世虔诚的叩拜礼敬中，仿佛有一种神秘的暗示和牵引，沉淀在她幼小的心田。

"我五六岁时，经常跟着母亲回外婆家。那时没有任何交通工具，每次都步行经过西沙湾海滩。那里有一片看不到边的木麻黄林，深一脚浅一脚穿行在林子里，听树梢呼啸的风声和飞鸟的惊叫，心里有太多的无奈甚至恐惧。但这就是我童年的整个世界——大海、沙滩、木麻黄、母亲。"一双小脚丫跟跟跄跄踩踏在沙土上，丈量着村庄的距离，也体味着人间的至爱亲情和世态炎凉。

东坑村和靠海更近的下坑村，直线距离不过五百米，两村之间有条小街道，这是历代以来自发形成的渔村农贸集市。

非遗影雕进校园活动

每次讨小海回来，渔民把一篮一篮渔获放在路边，等待人来购买，好换回自家需要的东西。满街都是刚上岸的海鲜——带鱼、黄鱼、马鲛鱼、海螺、花蛤、淡菜，闪着各种耀眼的银光、黄光、紫光；满街都是或紧或慢行走的人影和讨价还价的熙熙攘攘的声音。那时崇武岛上还没有电灯，都是用煤油灯。质朴的小街市，是家乡最有烟火气息和商业氛围的地方。

"崇武人在海岛上求生存、谋生活，面对残酷的自然条件始终有一股'硬颈'的精神，但乡里乡亲之间却是那么淳朴善良，温暖而随性。童年时期的东坑村住着十来户人家，每家每户但凡煮点咸稀饭、面线，或者逢祖先忌日煮一些荤菜，就会一碗一碗端给周边的邻居分享。在物资匮乏的年代，只要村里有一家的锅里在'爆香'，葱头油的香味就会让全村人兴奋又期待。轮到自家煮荤菜时，母亲也会分配我们几个孩子给这家端去一碗，给那家端去一碗。这是一个令人开心的时刻。祖辈相传的风俗习惯，让我们从小牢记有好东西要分给大家。分享食物，我们是快乐而自豪的。当然，我们也有一份期待，期待邻居改天也会给我们送来香喷喷的一碗。"

出生在一个石匠家庭，李亚华小时候的印象中，父亲李走生总是端着一个墨线斗，拿着铁锤和錾子，天天在附近的山头上打石头。崇武当地建房子大部分都是就地取材，用条石垒砌，李走生就是"打平直"的，谁家要盖房子，就请他去。

有天赋又勤学苦练的李走生在婚后很快就参与到了厦门集美陈嘉庚陵园的建设中，后来又为了生计长年在外奔波，所以十六七岁就结婚却是三十四岁时才有了李亚华。然而，传统的惠安妇女有着必须生儿子来传宗接代的观念。李亚华的祖母看儿媳一直没有怀孕，就抱养了一个男孩。比起能在食物短缺时开小灶的哥哥，李亚华面对的是祖母的严厉规训和母亲的无奈。

"在我七八岁以前，我没有买过一块新布做新衣服，穿的都是哥哥的旧衣改做的衣服。母亲既心疼女儿又无力抵抗祖母的苛刻，有时候情绪比较急躁。看到柔弱的母亲为了我和强势的祖母争吵落泪时，我就暗暗下定决心，长大后一定不让母亲再受委屈，一定要做一个有出息的女人，一定要做个能自己做主的女人。"

另立门户的"乖"女儿

李氏祖训有云:"读书为重,次即农桑,取之有道,工贾何妨。"惠安人一直行走在家规门风的约束中,学手艺、做生意在封建时代是排在读书、种地之后的。

"父亲师承蒋丙丁,是惠安一带颇有名气的石雕师傅,所以附近的很多年轻人都慕名而来,找父亲拜师学艺。海岛人家的孩子,大多在十三四岁小学毕业后就上不起学或者不想上学了,父母就操心着让他们学一门谋生的手艺,石匠就是一个热门行业。父亲带过很多徒弟,每次收徒,徒弟的父母就会带着面线和猪肉上门,举行恭敬庄重的拜师仪式。头两三年,徒弟们学的是规矩、做人。白天他们会争着给师父家做各种家务活,晚上父亲收工回来,又抢着帮忙拉风箱、把磨钝的铁錾子打尖利,第二天才能再用。两三年后,父亲才会教徒弟们'打平直',又过了两三年才开始教雕刻手艺。尽管如此,徒弟们对师父还是毕恭毕敬,处处小心谨慎。"这就是自古相传的行业规矩,没学做事先学做人。如果德行不好,是会挨师傅白眼的。

"很多人问我,是不是自觉自愿跟父亲学手艺的?其实,我当时是因为考不上大学,无奈之下才跟父亲学的。我是一个石匠的女儿,从小接触到的就是钢錾、铁锤、石板,可我觉得一个女孩子当打石匠,工作辛苦不说,还让人看不起。只是迫于父亲一家之主的威严,加上我们家不像别人,有条件去'补员'、坐办公室、拿工资,所以只好认命,跟着父亲学'打平直'。"

李亚华学艺的第四年,其父的传统雕刻作品已经被广泛用

李亚华参与金鸡奖直播节目

于寺庙、园林等仿古建筑,还有很多台胞借飞往中国香港、新加坡的中转之时,专门到惠安购买石雕。这也给李亚华带来了机会。

"有一次,台湾客商金先生慕名而来,请父亲根据客人的图纸定制石雕作品。谈完所有的合同之后,金先生无意中看到我放在角落的一幅'三国演义'题材的影雕作品,特别喜欢。他蹲下身子看了又看,而后对我父亲说:'连这件一起打包。'这是我生平第一件成交卖出的影雕作品,卖了25000台币,相当于五六千块人民币,在当时是相当可观的一笔钱了。那一年,我也就十八九岁吧,突然发现自己的手艺可以挣钱了,这才对石雕有了主动学习的兴趣,走出了之前被逼着学艺的苦恼境地。"

李亚华从小对父亲既崇拜又敬畏,曾经也想过继承父亲的衣钵，好好当一个让父母喜欢的乖女儿。可李走生的暴烈脾气对上李亚华不服输的性格，难免有些冲突。

"父亲虽技艺高超，但不会耐心细致地给我们讲授。我们在学习过程中，一旦思想开小差走神，父亲发觉了，就会一巴掌打过来。有一次父亲回家，看到我坐在厅堂发呆，手里拿着錾子，心思却不知道飞去哪里了，于是火气上来，顺手抓起一只石狮子朝我砸过来。幸好母亲在旁边，扯了一下父亲的手臂，石狮子没砸中我，但我吓出了一身冷汗，从此，干活的时候再也不敢掉以轻心了。记忆当中，父亲从来都没有对我笑过，永远都是一脸的严肃。身为女儿，我也感到万分委屈。夜深人静时，每每想到亲生父亲的'无情'，我就忍不住抹眼泪。"

更大的冲突发生在两代人做生意的理念上。李父是传统手艺人，认为只要自己诚信正直便可赢得口碑、招来顾客。他只按照自古以来的方式口头约定好作品的题材、规格、价钱、交货时间等，不讲究签合同。但后来出现部分客户不付定金、货运走了没给钱，或者没有按口头协议的价格付款。这样一来，吃了不少亏。李亚华慢慢参与李走生的生意后对他讲，以后每单生意都要先订一个书面合同，白纸黑字才有依据。但她父亲觉得，自己是靠本事、靠信誉做生意的，这样做有失身份，李亚华三番五次都说服不了他。

"我认为，用商业合同来维护父亲和家庭的利益理所当然，父亲却认为我的做法是多余的。一来二去，父女之间产生了分歧，甚至发生了多次争吵。我那时候年轻气盛，身上流着父亲的血，急眼了也会跟父亲拍桌子。后来看到《李氏祖训》'端伦常'中训诫'子弟者不肯安分循理，任情倨傲。行不让路，坐不让席，揖不低头，言不逊顺，曾不思尔将来也。'回想起来，我得检讨自己不够耐心，没有换位思考。所以后来和孩子、员工、朋友交流，我都暗示自己不能再犯错。父亲和我两代人之间的传承和碰撞，留下了很多美好，也有很多痛苦。我希望自己一路走来的艰辛也能给年轻人一些启示：人世间没有不劳而获，一定是要通过自己不懈的努力，才能赢得别人的肯定。"作为一个石雕工艺的传承人，李亚华希望自己能像父辈们那样，恪守祖训，带着行业的使命和情怀，抱着石头继续往前走。

"为了逃避跟随父亲学石雕，我中专没有读完就去学开车，给老板当过司机。没想到阴差阳错，兜兜转转几年后，还是回到父亲身边拿起了铁錾子。在好朋友的鼓励支持下，父亲的石雕店从厦门的莲坂搬到了禾山，店名叫'惠山'。可是因为理念不同，辅助父亲经营石雕店的过程中父女之间磕磕碰碰，常常闹得很不愉快。后来，我一冲动，就在父亲店铺对面自己开了一个石雕厂，取名'惠和'。我的叛逆性格促使我不低头，一定要争这口气，证明自己离开父亲的羽翼庇护，照样能闯出一条自己的发展道路。人生就是这样，有得有失。现在看来，我当初的抉择是对的，但我同时也失去了很多陪伴父亲、亲近父亲的美好时光，或许这就是成长的代价吧。"

绝地突围的勇气和担当

另起炉灶，自主创建惠和，李亚华把自己逼得没有退路，只能背水一战。

"2004年，我们惠和参与了厦门城市文化与艺术的策展活动。这是有史以来厦门组织的最大规模的雕塑展，由海内外著名雕塑家设计、惠和公司制作的大型石雕遍布环岛路、白鹭洲、机场等厦门的代表性地点，展示着厦门城市的艺术与文化之魂。我们自豪地宣布：百分之九十以上的厦门城市雕塑都出自惠和。"

通过这次雕塑展，惠和自身的格局和品质得到了大幅提升，并且开始了和政府之间的良性互动。

"当时有绿地认养的政策，市政园林局推荐我们认养忠仑公园。第一次来看忠仑公园，整个都是垃圾场，我害怕得扭头就走。后来园林局的领导又动员我再去看一下，承诺现场垃圾堆可以提前处理。在各方面的劝说下，经过综合考虑后，我提出必须通过政府公开招投标。所以，现在的惠和文化园不仅与园林局有合同，通过财政局下属的产权交易中心，我还摘牌成功，拿到了这块用地。"

李亚华的个性就是这样，有压力才有动力，下定决心就干到底！

"2006年拿到地皮和设计图纸，2007年想动工，但自有资金缺口很大。后有'追兵'，前无退路，我只好砸锅卖铁，把惠和公司原所在地块卖掉，解决了建园的资金问题。让我始料不及的是，施工前期我们遭到了当地部分村民的重重阻挠，从2006年下半年至2008年上半年，经过反复协调仍然无法进场施工。最后我豁出去了，和带头闹事的村民单兵较量……回想当时的情景，真的太难了，有点视死如归的悲壮。"幸好，惠和石雕文化园用自己的文化魅力征服了大众，和忠仑村民相安无事十几年。

"人生就是要有绝地突围的勇气和担当。面对人生最严峻的挑战，我用没日没夜的忙碌来忘却痛苦。每天晚上我都要零点过后才上床睡觉，凌晨四五点钟醒来，一天只能睡三四个小时，还要每天早上配合保姆照料孩子早餐、上学。我坚持自

兰苏园影雕个展，李亚华母子与美国波特兰市长及其夫人

己接送孩子，然后去锻炼，通过游泳、跑步，痛快淋漓地出一身透汗，心情就会舒服，再精神愉快地回到园区，接受各种挑战。"

"说起挑战，我觉得人生处处充满挑战。比如孩子要去国外留学，你敢不敢让他独自闯天涯，会不会担心监护不力、照料不周？比如去美国看望孩子，我一个渔村出来的女工匠，人生地疏、语言不通，怕不怕闹出什么笑话？外国友人邀请你去国外办影雕展览，你有没有底气和自信？感恩父母给了我一个好身体，坎坷的成长经历又让我有一个好心态，我的心理承受能力和不服输的性格让我对所有的挑战都乐于尝试。我很庆幸，在美国波特兰（中国苏州的友好城市）成功举办了影雕作品展览，顺利拿到了美国的驾驶证，结交了国外许多城市的华侨领袖。挑战，让我把影雕艺术传播到遥远的异国他乡；挑战，让我开阔了眼界也获得了更多人的尊重和喜爱。'越是民族的就越是世界的'，只有身在国外，你才会为自己是中国人而骄傲，你才知道自己有多爱国！我只是一个普通的中国工匠，但我是中国影雕技艺的传承人，我的身后是古老而强大的祖国。孩子在国外求学，我始终向他灌输一条：你的先祖是抵御外侵的海防将士，你的外公曾经为'华侨旗帜'陈嘉庚先生纪念园效力，你的母亲一生致力于惠安石雕的传承和发展。理直气壮地爱国、报国，是每个中国人的本分，也是我们这个石雕世家的门风家规。"

母性的坚韧与伟岸

李亚华性格中的坚毅不屈不仅仅是各种人生经历带给她的，更是流淌在血液里的、传承自女性长辈的基因。

"不管我和我的儿孙身在何方，惠安永远是我的根，割舍不断的根。每年清明，我都要带着孩子回崇武，那里安葬着我的祖母。"

李亚华的祖母一生命途多舛却坚韧要强。她青年丧夫时儿子才两三岁，还正怀着女儿，一切都只能靠自己苦苦支撑，拉扯着一个家庭走下去。因为娘家溪底村石雕工匠人才辈出，她便早做打算，带着孩子回到娘家。儿子李走生年纪稍长后，拜在名匠蒋丙丁的门下，开始了自己的石匠生涯。

祖母重男轻女的观念非常严重，小时候的李亚华常常要干很多活，照顾小五岁的妹妹、捡猪粪、拾柴火，却吃不到东西。这样的日子不好过,却也给了李亚华一个强大的内心。

"印象中的祖母从没有好脸色,对我说得最多的就是'女孩子一定要乖'。祖母说的这种'乖',就是要多干活、少吃饭或者不吃饭,把有限的口粮留给将来要撑门户的哥哥吃。可想而知,我的童年有点黑暗。但也正因如此,慢慢让我养成了不服气、不认输的刚毅个性。这个性格影响了我一辈子。"

祖母对家中的女性要求严格,觉得女性吃苦,受委屈甚至没有尊严都是天经地义的,直到李亚华的妹妹出生她才稍稍转变观念,很疼爱最小的孙女。后来时代发展,推崇男女各顶半边天,她才放弃了一定要有个男孙的想法。

"现在想起来,祖母的所作所为,屈服于中国人根深蒂固的'男丁才能传宗接代'观念。但其中还有一份沉甸甸的家庭负累,也为了她肩上的责任,为了这个'残缺'的家。年青守寡、子女年幼,祖母背负着太多的家庭重担。为了家门的兴旺,她必须果敢决断甚或'霸道'地维持家庭的运转。"

不止祖母,李亚华的母亲也是为了家庭的责任,为了家门的昌盛,听任命运的安排,在艰难困苦中循规蹈矩地描绘自己的生命轨迹。丈夫长年出门在外,她有苦无处倾诉,有泪只能咬牙吞下。在承受着繁重的体力劳动时还要背负没有生下男丁的'过错',忍受婆婆的苛刻和偏袒。即便如此,母亲也尽力安慰着李亚华的幼小心灵,用目光和拥抱抚慰她。

"祖母和母亲,都带着她们所处时代的痕迹和个人的性格缺陷。她们当然不是完人,但她们给我一种强烈的暗示和启迪:生活一定不能没有目标,再苦再难,只要坚忍不拔向前进,明天一定会越来越好。"

惠安农村过去流行订娃娃亲,李亚华的母亲也曾经开玩笑地提到这件事。幸好,李走生多年走南闯北,见多识广,深知其中的危害,严令她不准给两个女儿订娃娃亲。李亚华因此走上了一条不一样的道路。

"母亲一直觉得崇武的老家离不了她，上有老下有小，里里外外她都要管，比如祖宗忌日，逢年过节，都要母亲张罗祭拜。这些都是惠安女人的'必修课'，没做好会被人笑话，所以母亲没办法跟随父亲来厦门。而我年纪渐大，在厦门可以代替她照顾父亲的生活起居。所以，我很幸运地在小学毕业那年就来到了厦门。"

"来到厦门父亲的身边时我才十二三岁，那时父亲在厦门莲坂开了一家墓碑店，给薛岭墓园提供墓碑。父亲的石刻店是个简易的草寮，居住和工作环境都很不理想。按照母亲的指教，我每天早上给父亲煮一碗瘦肉汤，用脸盆打好温水，放上毛巾拿给父亲，把牙膏挤好，最后骑自行车去六中上课。后来，妹妹也来了厦门。妹妹上小学，本来她就恋着母亲，不想来厦门，所以常常不开心，又哭又闹。我每天先送妹妹到莲坂小学，然后才能去六中上课。因为照顾妹妹，加上途中路况不好，我几乎每次上课都要迟到，迟到了就要被罚站在教室后面听课。我原先留着两条马尾辫，小女孩开始爱美了，每天都要梳理一下。可学校老师要求不能留长发，要剪成短发，当时可伤心啦。照顾父亲和妹妹，还要读书、做作业、做家务，我每天自顾不暇，常常顾不上妹妹。撑了半个学期，妹妹哭闹着回惠安了。那段时间我一个十三岁的小女孩，充当了几个家庭角色，真不知道是哪里来的勇气。"

"这段时间是很苦，但也是我人生的一个重要组成部分，让我从小知道自己对家人的责任。"提到祖训、家规、门风，有人会不置可否，其实父母的言传身教、叮咛教诲，就是具体化的规范，在潜移默化中影响着后辈。

"惠安女人有一个重要的特质，母性特别强烈。母亲一字不识，一句普通话都不会讲，但她爱儿女不讲条件，看问题一针见血。对于经济来源，母亲认为'自己的骨头才会长肉，别人给的肉吃完就没了'；对于孩子的抚养，母亲说'钱是死的，有人就有希望'。惠和石文化园原想落户杏林湾的园博园，付出很多努力后仍然无法实现，我一度很沮丧，母亲却说'没有如愿也不一定是坏事！'醍醐灌顶，我一下子被点醒，调整心态重新论证。那块土地面积很大，投资巨大，如果真能落地，我就要走上一条很艰辛的路。后来调整到厦门岛内的忠仑公园来，也算别开生面。其实，母亲是担心我承受的经济压力太大，活得太艰辛、太累。这就是母性，纯粹的、直截了当的护犊子——只要儿女健康快乐，别的都是次要的。"

高光时刻的感恩与淡定

"2017年7月初，接到政府通知，让我参加金砖五国首脑厦门会晤的接待工作，现场展示非遗技艺。后来我了解到，政府层层筛选才选了三家非遗代表为与会国家元首夫人团作展示交流。这是影雕技艺面向世界的展示，我开始紧张准备。8月初，突然接到通知，这次展演升级为'习普会'级别的接待，要求我穿惠安女的传统服装，为习近平主席和普京总统的会晤作展演。我忽然觉得生命中的'高光时刻'来得太突然，心情更激动紧张了。我定制了一套新的惠安女传统服装，特地回老家取回母亲珍藏的20世纪90年代上海产的丝巾配着穿。穿着这套服装，我在石雕园里反复演练，等待着那激动人心的时刻。"

"得知金砖会晤要在厦门举办时，我就手痒痒的。影雕最擅长的就是人物肖像，所以我预先制作了金砖五国领导人及其夫人的肖像。本想参选金砖会晤国礼，但被告知未经同意不能制作国家领导人的肖像，所以只能收藏起来。正式会晤前几天，会务组织在现场布置展品。我多了个心眼，把这些国家领导人的影雕肖像也带进了会场，收在柜子里。我的潜意识在等待一个可能的机会。"

"9月3日下午7点半，习近平总书记和外国客人一行健步来到展厅。我们排在第一个展位，习总书记向普京总统介绍，第一句话就是：'她们是在石头上绣花，不是在丝绸上。'看到我身穿惠安女服饰，习总书记又介绍说：'这就是惠安女，她们很勤劳，很质朴，能滴水穿石。'展演现场原本有安排讲解员，大家都没想到习总书记会直接给普京总统介绍。这充分体现出他对闽南文化、对惠安女文化的熟悉和喜爱。"

"主席走近墙上的大幅影雕作品《兰闺雅集图》，向普京总统描述《红楼梦》中金陵十二金钗的典故。随后，听到主席问我：'这幅（兰闺雅集图）雕了多久？'我赶紧走过去，因为精神高度紧张，手上的錾子也没放下。我在习主席和普京总统面前，拿着錾子比画说：'这幅作品是我29岁时，用一年时间，敲凿了12亿个点才完成的。'普京总统听完，对我说了一句话。我听翻译说的是'美人刻美女'，开心地向普京总统道谢。"

"机遇总是垂青有准备的人。参观后，我们留在原地，目送元首们走向其他展位。突然，时任外交部副部长的秦刚副部长快步跑过来，问我有没有做普京总统的影雕。我一听，又惊又喜，赶紧把普京总统的影雕肖像拿了出来。秦副部长呈给习总书记，由习主席亲手赠给普京总统并说到：'这是刚才那个在石头上绣花的给您做的。'后来听说是习总书记询问有没有做影雕纪念品。因为这段插曲，省里给了我一个'金砖接待优秀奖'。"

"每次讲到这些,我总是心怀感恩。感恩政府职能部门的领导和工作人员,感恩每一位热心帮助我做好展演准备的亲朋好友。成就一件好事情,往往是一个群体的共同努力。而我最应该感恩的,是引领我走上石雕之路的父亲。苏杭刺绣用的是一根银针,而闽南石雕用的是一公斤重的錾子,这是另外意义的一根'针'。18岁这年跟着父亲学手艺,说实话,当时心里特别排斥,不情愿学。况且,石雕难度也很高,让我一个大姑娘长时间坐在那儿,不停地在石头上敲点,多单调枯燥啊。但父亲撂下一句狠话:'想当种子就不要怕晒干。'意思是说你想要学好手艺,成为行业中的佼佼者,就一定得舍得汗水和心血的付出,要耐得住寂寞,经得住批评和敲打。父亲一听錾子敲击石头的声音,就知道我们有没有在认真做。如果偷懒、磨洋工,他会冷不丁地给你后脑勺来一巴掌,毫不留情。所谓'严师出高徒',这话一点不假。父亲像是我的'魔鬼教练',正是因为经过那段极度枯燥、严格的训练,我手头的功夫扎实了,后来创作作品才能得心应手。"

不过,李亚华深谙与时俱进的道理。时代不同了,艺术的传承也要因材施教,根据从业者的文化程度、人生阅历、信息渠道等差异来选择教授的方式。她强调,如果过于严厉,导致人人对影雕技艺都敬而远之,艺术的传承就是一句空话。

"我在教徒弟影雕技艺时一直告诫自己,不能像父亲带徒弟那样严苛得不近人情,要有耐心,要转变思维,融入一些年轻人喜爱的艺术元素。比如说融入绘画、摄影,甚至文学、音乐的艺术原理,让年轻人学得更快乐、更轻松、更有兴趣。所谓的传承,应该是形成一个具有高超技艺和浓烈情怀的群体,不只是你一个人教,而是你的学生还能再培养出优秀的学生。让非遗传承走出区域的限制,从个人走向社会,实现活态化传承,让更多的人喜欢并从事这门艺术,才是我们的目的。"

正是因为对创作和教学都有着深刻的理解，李亚华才能从一个被迫走上这条道路的倔强女孩稳步发展为非物质文化遗产的传承者。她对于新事物、新思想的开放态度，也正推动着她继续前行。

"我是比较幸运的，儿子戴毅安1996年出生，曾经留学国外多年，但他对影雕的认知和学习是积极主动的。相比较高科技、金融行业，他还是比较认可传统艺术。他现在还在基础学习阶段，更多的是帮我站在更高的角度，探索如何做好影雕艺术的研学活动，把影雕主题的生活美学、文创产业推进到一个新高度。比如说通过抖音小视频的推介让外地游客知道了厦门影雕和惠安女，愿意了解这项非遗技艺的前世今生，从而对闽南文化的历史底蕴、民俗风情等产生兴趣。我们现在也在推进影雕艺术和文旅产业的结合，把影雕做成民生必需品、建筑构件、大型文化专题雕像等，让大家随处可见、可触摸，感受到影雕的存在。精美的石头会唱歌，赋予石头生命和灵性，它的附加值才会不断提升。这个过程肯定是很艰辛，很需要智慧、恒心、勇气，作为母亲，我希望儿子在这些方面能有突破和建树。"

金刚钻的雕凿是有声的，而精神意志上的传承是无声的。这种传承浸透在一代一代人的血脉里，内化成无穷无尽的人生源动力。李亚华也有着柔婉一面：闲暇时，她爱朗诵诗歌，她也爱在厦门环岛路的沙滩上晨跑或漫步，沐浴天风海涛，放眼云卷云舒。兴之所至，情不自禁驻足高诵好友舒婷的代表作《惠安女子》：

野火在远方，远方/在你琥珀色的眼睛里/以古老部落的银饰/约束柔软的腰肢/幸福虽不可预期，但少女的梦/蒲公英一般徐徐落在海面上/呵，浪花无边无际

李亚华与王坚采访时合影

　　天生不爱倾诉苦难/并非苦难已经永远绝迹/当洞箫和琵琶在晚照中/唤醒普遍的忧伤/你把头巾一角轻轻咬在嘴里/这样优美地站在海天之间/令人忽略了：你的裸足/所踩过的碱滩和礁石

　　于是，在封面和插图中/你成为风景，成为传奇

　　不知道故乡崇武的海天，和当下厦门的风月，会在何时何处相融相接。沧桑古城的苔色磐石，肃穆古祠的缭绕香烛，深巷庭院的叮咛呼唤……家园是一幅永不褪色的风景，时常挂在她含泪的眼角。她相信，所有的文化基因都会迢递传承，所有的滚烫血脉都在奔流迸发，无数次的敲打和雕琢，只为让生命最终，长成一棵傲岸独立的参天大树。

罗远良：
客家人的家风传承是我心底的那盏明灯

□ 罗罗

【人物名片】

罗远良，1966年生，祖籍福建龙岩连城，客家人。厦门瑞尔特卫浴科技股份有限公司董事长。曾当选厦门市海沧区第十二届人大代表、中国人民政治协商会议龙岩市第五届委员会委员。

厦门瑞尔特卫浴科技股份有限公司成立于1999年，是一家致力于节约全球水资源的卫浴产品的研发、生产和销售的高新技术企业。公司曾获荣誉有：中国卫浴产品行业知名品牌、中国卫浴名牌产品、厦门市重点高新技术企业、福建名牌产品、福建省著名商标、全国中小企业生产经营运行监测厦门样本企业、历年厦门市海沧区纳税大户等。在罗远良董事长的领导下，2016年3月8日，厦门瑞尔特卫浴科技股份有限公司于深交所中小板A股成功挂牌上市，股票代码002790，公司迎来了企业发展的新纪元。

历经20余年的发展，瑞尔特从最初一个不起眼的小工厂，成长为一家拥有几千名员工、获得1000多项国家专利、产品远销海内外100多个国家和地区、水件市场占有率位居中国第一的深交所上市公司！

前 言

　　高中肄业、家境贫寒，早年命运多舛的罗远良，当年一贫如洗、背负着年少轻狂和突发家变的累累伤痕，他是如何走出偏远山区，来到美丽的经济特区厦门？又是如何在改革开放的浪潮中找到自己人生的航向，并华丽转身？多年拼搏商场、尝尽人世沧桑的他浑身透着一股从容和淡定。那是历尽千帆、跋山涉水后的"悟"，是历经风霜雪雨后的带着朝气蓬勃和韬光养晦的"厚重"，是经历世事无常起起伏伏之后依然珍视的骨子里的善良。

　　那么，光环与荣耀的背后，是什么样的力量在不断地支撑着罗远良的奋发图强、敢为人先呢？

家庭和家族是人们接受道德教育最早的地方，高尚优良的品德必须从小开始培养。作为"宁卖祖宗田，不卖祖宗言"的客家人，罗远良成功背后又有着怎样的家庭环境和家风故事呢？

"小时候，我们家非常贫穷。我的父亲在我很小的时候，就被关进了监狱。家里孩子多，送走了几个，还剩下五个，都靠我的母亲独自一人辛苦拉扯大。"说起儿时的苦难，如今功成名就的罗远良，话语里依然透着淡淡的心酸。

"父亲被抓走后，我们在县城的房子也被没收了。我对当时的情景印象非常深刻，那还是生产队吃大锅饭的年代，因为家里孩子多，没有劳动力，我们家没有出工分。在生产队没有工分，就分不到肉，小时候过年，家里的年夜饭连肉末都看不到，真正的一贫如洗，几乎快沦落到当乞丐了。后面遇到我父亲的一位朋友，也是我们罗氏的宗亲罗长荣，他看见我们一大家人居然沦落到快没饭吃，非常同情我们。他建议我们家搬迁到石门岩水库背后的小村庄居住。那边是一个农场，叫作布地农场，除了当地几户人家之外，全部是知识青年。那个农场是按月拨粮的，一个人一个月有八十斤的谷子。"

"搬家的情景，我印象很深，至今仍然记忆犹新。那年我十三岁。当时交通很不发达，我们一家大大小小是走路过去的，走了好几个小时才到。我负责挑担子，担子一头装着一只鸡，另一头装着一只鸭。那时候，我们整个家庭的财产加起来，按照当时的货币来说，五十块钱都不到。除了几床烂棉被，几乎一无所有。我深有体会，什么是真正的一贫如洗。"

"这个世界上，我最感谢的人就是我的母亲，没有我的母亲，我们家就散了，我们几个孩子肯定也活不到现在，更不可能有我的今天。"

说到母亲，罗远良的目光透着温暖："当年，父亲在监狱。母亲，一个弱女子，要养活我们这么多孩子，真的非常困难。我的母亲是长汀人。外婆家家境很好,我舅舅当时在长汀县公安局工作,他了解到我们家的现状和困难,一直劝我母亲把我们几个孩子送人,回长汀生活。那样就不会这么艰苦,母亲就能过上衣食无忧的生活。但是,我的母亲放弃了娘家优越的生活,义无反顾地留了下来。她是个伟大的母亲,舍不得扔下我们这些孩子,即使再穷再苦,也不离不弃。如果没有我的母亲,我早就没有家了。"

"我的母亲是个很热心善良的客家女人。我的外祖父原来是在长汀开药店的,我的母亲从小耳濡目染,一些日常小病,她基本能处理,比如孩子发热、拉肚子之类的,只要吃了我母亲给的草药,往往能药到病除。所以,无论我们家搬到哪里住,左右邻居家里有个小病小痛的,都会来找母亲讨药,因此邻居们都很尊重她,与我们这些孩子说话也会和颜悦色的。有这样的母亲,确实是我们家庭的幸运。"

在罗远良贫穷而苦难的童年,母亲就像一盏明灯,给一贫如洗的家带来了温暖和希望。也是母亲的坚韧和善良,让他有了苦难的避风港。少年时期,对罗远良而言,是贫穷苦难的,但也是幸福快乐的,因为母亲的担当和善良,母亲对孩子们不离不弃的爱和坚守,都在他幼小的心灵里根植下了永不退却的温暖,也让他有了更多面对社会和人生百味的勇气。

父亲对我影响最大的是他的商业头脑

对一个家庭而言,父亲就如顶梁柱,支撑起整个家的天。

在罗远良的印象中,父亲是一个很有商业头脑的人。"我

的父亲总对我们说，财富不是靠节约来的，是靠开源赚来的，做生意要有商业思维，光靠自己，几天几夜不眠不休也做不了多少事，要让更多的人一起帮忙做事，这样才能把生意做大做好。"

"我的父亲年轻时意气风发，算个小小的传奇人物。当年，他做弹棉花生意，在20世纪五六十年代，他就开了一家弹棉花的工作坊，聘请了几十个工人。生意做得顺风顺水，还购置了我们老家县城最中心位置的房屋，还买了一辆自行车。那时，整个连城县总共才三辆自行车。后来，也是因为种种原因，父亲被关进了监狱。我们的家道也从此没落。"

"小时候，父亲不在时，我们一家人晚上睡觉前聊天，母亲总是和我们讲父亲的故事。父亲的形象也就这样印在了我们童年的记忆里。母亲说，父亲除了会做生意外，还是个非常善良的人。以前，我父亲在林地供销社开了间弹棉花的工坊，也雇了一些人。那一年冬天，下大雪，工坊值夜的工人一大早发现工坊门口躺着一个冻死的乞丐。我父亲知道了，买了棺材请人把乞丐埋葬了。父亲经常说，经商的人，只要有能力，一定要多做善事，行善必有福报。我父亲一生运势不佳，生不逢时，也吃了很多苦，但是他坚持做善事，也为我们修了很多福报。"

久经商场的罗远良，说起父亲，总不经意流露出崇拜之情。

"应该说，父亲的经商头脑和生意经对我影响很大。父亲关于市场开拓、渠道开源、劳动价值差、奋斗拼搏等诸多的商业理念，放在今天来看，依然蕴含着很深刻的商业哲理。父亲的观点从小对我产生了潜移默化的作用，也培养了我的经商头脑。"

"穷人家的孩子早当家。我们小时候真的太穷了，越穷成熟得越早。我读初中的时候，就利用放假去打工赚钱。我们村子里有人种一些中草药，我就去帮忙收成。我记得那时的工钱是一天1.5元，我干个一个月能赚45元，关键是那里一天三餐有白米饭，吃得很好。我干得非常开心。那时我们上学报名的学费才需要几块钱。老师的工资也才二十多块每个月。所以，我暑假一个月的收入还是相当可观的。也因为孩子们大了能出去打工，家里才有饭吃，生活才慢慢得以改善。"

正是因为父亲商业思维对幼时罗远良的长远影响，让他一直拼搏在创业经商的道路上，不甘于贫困，不畏惧艰辛，通过一步一步的努力打拼，在改革开放的浪潮下，把握住了大好时机，披荆斩棘、一路高歌，才有了后来瑞尔特的成就。

君子之风是客家人家训家风的底色

千百年来，在五次大规模的迁徙中，客家先民跨黄河、渡长江，历尽艰辛。越是困难的时刻，就越需要坚定牢固的精神纽带将族群团结在一起，客家先民不管走到哪，都将族谱、先人的遗训带在身上、记在心里。一句"宁卖祖宗田，不卖祖宗言"，不仅反映出了客家人在迁徙过程中的多少无奈与辛酸，也表达出了客家人在长期生活中崇拜祖先和坚守精神家园的意志与毅力,也体现出了客家人在落后困境中的艰辛与奋发。这客家先人不愿丢弃的"祖宗言"便是客家的家训家风,它是客家人的精神支柱和灵魂,它让客家人在猱行豹隐之地围篱合屋挖石砌灶,在粗粝野性之地砍斫出一个属于自己的家园。

作为客家人的罗远良,从小受到家训家风的熏陶,对他价值观和人生观的形成也起了潜移默化的作用和至关重要的影响。

"虽然我们家在我小时候非常贫穷,但是母亲对我们的教育一直都是很严厉的。母亲总说,我们再穷也不能没了志气。即使饿死,也不能去偷去抢,不能做出违法乱纪的事情。我们穷的是身体,但是我们的精神要高尚,要做个有涵养的君子,不能做鸡鸣狗盗之徒。母亲的话对我影响很大,即使在我人生最彷徨最无助的时候,只要想起母亲的话,我就有了方向和力量。"

"我们客家人是很注重家风家训的,我们罗氏家族有自己的祠堂,前几年还翻新了。在我们《罗氏家训祖训》中有这么一段令我印象深刻的内容:'处世待人,至诚为重,认清善恶,辨别奸忠。须识持物,莫念虚荣,良朋多结,恶友毋逢。'这几句话教了我们很多为人处世和结交朋友的原则和道理。"

"我做企业二十多年,我一直把信誉放第一位,诚信发展,是我们公司的价值观。瑞尔特成立二十多年,我们从来没有拖欠过员工工资,我们企业的口碑是非常好的。我个人的基本要求就是:如果这件事你做不到,千万不要随口答应。如果答应了,就一定要做到。君子一言,驷马难追嘛!我们无论做人,还是开公司,一定要有守诺和契约精神,只有这样,个人才有信誉,企业才有发展。我们公司有过这样一个案例,在发展初期，团队配置和管理各方面都还不够成熟完善。有一次，我们接到一单业务，客户在电话里咨询我们的产品价格，我们的市场人员不知道我们的产品已经涨价了，随口报了原先的价格。结果，后来一核算，这一单生意我们不仅不能盈利，每一套商品还要亏十几块。当时，市场人员来咨询我的意见，问我怎么办。我说，既然报了，亏本也要卖，我们不能言而无信。后来，这单业务我们虽然亏了钱，但是我们结交了一个很好的朋友，后续也成为我们企业的大客户。我们公司还有一个非常好的传统，那就是对客户投诉的处理。我们的原则是，只要有客户投诉，我们绝对不争论对错，第一时间解决问题，而不是纠结是谁的责任，解决完再告诉客户这个问题是怎么出现的。这个传统在瑞尔特延续了二十几年，一直坚持下来，企业的口碑也因此越来越好。"

商海沉浮，风浪不止。经营好一家企业，确实非常不容易。罗远良在经营瑞尔特公司的二十几年里，也经历了无数的风风雨雨。

"客家人最重要的品质就是坚韧。我们不怕苦、不怕累、不怕难。只要我们做的事情是对的，是对得起自己良心的，我们就勇敢地走下去。"

"在我的创业初期，我们企业遇到了很多困难。首先是我原先打工的企业老板起诉我们侵犯他的产品专利，最后法院判了我们胜诉。创业的第二年，有一次，我正在西安出差，股东打电话给我，说我们的供应商因为听信谣言，以为我们公司是没有实力的皮包公司，运营资金一塌糊涂。供应商们都跑到公司来要钱。我急急忙忙从西安赶回来解决问题。面对供应商的疑虑，我说，大家不用着急，依据我们之间的合同约定，付款时间是20日，今天才11日。如果到了20日，我们没有钱付给你们，你们可以到法院告我们，现在还没有到约定时间，我们不能付款，你们提前催款也是违约的，大家既然是合作伙伴，就要互相信任和支持。后来供应商们走了。我们也在20日那天准时把采购款结算给了他们。一场风波得以化解。"

"还有一次，上海有个客户和我说，他现在用的是我前老板的产品，他问我我公司的产品跟前老板的产品相比有什么优势？我告诉他：你选我老板的产品是对的，他的产品质量没问题，你没必要再选择我的，用他的就好。无论是供应商、客户，还是合作伙伴，哪怕是竞争对手，我绝对不会说他们任何坏话，或者在背后做任何小动作。我们做生意光明磊落，按市场规则和商业大道来，只有拥有这样的格局，才能把企业做大做强，也才能在市场中立于不败之地。"

诚信进取，不仅是我的自我要求，也是我对孩子们的期望

罗远良是个很爱学习的人。高中没毕业一直是他心底的遗憾，为了弥补这个遗憾，为了能跟得上时代发展的脚步，更为了能更好地带领企业发展，罗远良通过函授自学考取了本科学历，又不断学习，最后拿到了厦门大学管理学院EMBA的学历。无论工作多忙，他一定坚持学习。英语几乎零基础，为了能完成EMBA的学业，他天天学英语。

"在我二十八岁之前，我经历了我人生最低谷的时期，生意失败，家庭危机。曾有一段时间，我甚至破罐子破摔，觉得反正都这个样子了，再努力也没用了。现在回想起来，觉得当时的状态真的很危险，正所谓的'一步天堂、一步地狱'。

有一段时间，我觉得我的生活一团糟，浑浑噩噩的，没有目标，也没有动力。直到1993年，二十八岁，我才真正有了危机感了。我带着仅有的十元钱，离开故乡，来到了厦门。为了生存，打了不少工。我一直很努力，很能吃苦，白天黑夜地加班，就是为了能在厦门生活下来。身边的朋友都很佩服我，说我居然靠着十元钱，就能到厦门，而且不仅活了下来，还干出了一番事业。"

"因为很早就进入社会，所以我结婚比较早，十八岁就有了大儿子。那时觉得自己还是个孩子，所以对孩子的教育，偏向放养。如今，我和我的儿子就像朋友一样，因为年龄就差十几岁。我对孩子的要求很简单，就是要有好的品质，做人要诚实，不能违法乱纪。对社会、对家庭要有感恩之心。我的大儿子现在也在我的企业上班，我让他从最基层的岗位做起，并不能因为他是我的儿子，就有任何特殊对待。他享受和瑞尔特其他员工一样的薪酬待遇，一样工作加班，有时还会被外派到最艰苦的地方去驻场。我希望我的孩子都能传承吃苦耐劳、诚实勇敢的客家人的优良品质，好好做人、认真做事。"

"经商方面，我有时间也会和孩子们做些心得分享，教他们做人的道理，教他们如何慢慢实现财富的积累，如何建立自己优质的人脉圈子。我的儿子现在也都成家立业了，也都有了自己的孩子。我希望将我们客家人的儒家思想和我们罗氏宗族的家风家训，与我们自己家庭的成长史相结合，在先祖留下的家规基础上，结合时代的发展，不断完善和充实，形成注重正面引导的家训和侧重于戒饬惩处的家戒，让我们的子孙后代去传承。从而树立起优质的家风体系，让好的品质得以传承。我们这一代人吃过太多苦了，我不希望我们的后代也吃这样的苦。他们应该有更好的条件去创新、去学习，去实现个性的梦想。如此，有关家规方面的训诫就显得尤为重要。"

孝与义是我们家风的核心文化

客家传统文化深受儒家伦理思想的影响，也对罗远良的思想产生了深远的影响。

客家人把"孝以敬先，孝以德行，孝以顺重"这三层面的孝心深深根植入人心。在客家古村落里的古建筑中，能经常看见"兄友弟恭"等字样，古村形成了完整丰厚的文化体系，其中"孝"始终是古村落的核心文化，而且在祖训、家训中关于"孝"的内容也占了大量篇幅。"义"也是客家家训中一个重要的部分，帮扶、救助，顾全大局的道德准则对老一辈的客家人影响深远，客家先民正是恪守着"义"的精神，团结在一起，互相帮助，无论是古代的大迁徙还是近代的下南洋，"义"字支撑着客家民系生生不息。

"我的母亲现在九十多岁了,身体还很好。母亲一辈子为我们儿女奉献,我希望给她一个幸福的晚年。来厦门二十几年,无论遇到什么困难,我从来不会在母亲面前流露出来,我不想让老人家为我们的事情担忧。所以,我从来都是'报喜不报忧'。但是,母亲永远是那么伟大,她总希望能为我们做点什么。为了让老人家安心,也让老人家不觉得自己没有价值,我给自己定了一个原则,那就是'大事不汇报,小事常麻烦'。什么意思呢?就是说事业和家庭的一些大事、难事,我都不让母亲知道,怕她担心。但是,我会经常刻意制造一些小事让她做,让母亲觉得自己还有能力为我们儿女付出,这样对老人家的身心健康是很有帮助的。有一次,我的衬衣扣子掉了,我回家就让母亲帮我缝扣子。母亲虽然年纪大了,眼神还很好,她拿出针线就帮我缝起来。一边缝,还会一边唠叨。看见缝好的扣子,母亲脸上露出了幸福而满足的表情。而最开心的当然是做儿子的我了。"

"这样的生活细节,已经成了我和母亲的沟通方式。虽然,我现在也是做爷爷的人了,但是在母亲面前,我觉得自己永远还是个孩子,还很享受母亲的关爱和唠叨。'有妈的地方就是家'。我很感谢我的母亲一辈子的奉献。我衷心希望她老人家健康长寿,永远快乐。"

"我的母亲也经常鼓励我们多做善事,她总说现在做企业赚了钱,就要多回馈社会,多帮助需要帮助的人。所以,多年以来,我们企业,包括我个人也一直在做慈善。我们能力还很有限,但是只要我们还有能力,就会一直坚持做下去。"

无论是家里对老母亲用心的关爱,还是在社会上对慈善公益的执着,我们都能在罗远良身上看到了客家人的"孝"与"义"。只有深厚的根基和传承,才能代代相传,把家风的力量发扬光大。

此心安处，便是吾乡：
企业就是我们共同的家

在2020年瑞尔特公司年会上，罗远良作为公司董事长，讲了这么一番话："我们大家都来自五湖四海，为了一个共同的梦想，来到位于祖国东南的美丽鹭岛！来到致力于全球节水事业的瑞尔特！无论你来自祖国何地，希望永为瑞尔特人！古人云：'此心安处，便是吾乡！'希望我们中的每一位，都能够以厦门为家，以瑞尔特为发展平台！我们热爱瑞尔特，也希望大家能伴随着瑞尔特一起成长，一起进步！"

瑞尔特对罗远良来说，不仅是他一手带大的孩子，更是他和几千个瑞尔特人共同的家园。

对家庭而言，家的文化是"家风"；对企业而言，"家"的文化就是企业的文化。

"瑞尔特是个有爱的企业。在企业的发展过程中，我们尽力为我们的员工，也是我们的家人，创造更好的工作环境。我们公司的食堂免费给员工供餐，一日四顿。我们租了21辆大巴，接送员工上下班，员工自己开车的就发车补。员工生日有福利，每个部门还有部门活动资金，用于组织部门团队活动。我们还很重视员工的成长和学习。每个季度，公司都会请专业讲师对不同岗位的员工进行培训，也会培养企业内部讲师，营造良好的学习氛围。在公司内部我们还设立了提案箱，鼓励员工对公司的经营提出宝贵意见，只要意见有价值被采纳，就会有奖励。"

让员工对公司有归属感，才能真正成为一家人。成了一家人，大家才能把力量凝聚在一起，为"家"的发展做出最大的贡献。

"我希望我们的员工都能成为家庭的一部分，都能成为一家人。我希望我们企业的年轻人能坚守瑞尔特人特有的诚信品质，同时发掘和培养更多的创新精神。作为企业负责人，我的压力很大。但是我别无选择，只有一条路走到黑，没有回头路。因为瑞尔特已经不是我个人的，我们有几千名员工要养，这是一份社会责任。我感觉，虽然我前半辈子那么苦，但是一路走来也遇到很多贵人，帮助我的人很多。我很感谢他们，也感谢一直和我一起努力的合作伙伴和员工们。因为有了他们，我才能当上这个大家长，才有如今的成就和价值。"

/ 罗远良 /

家乡和宗亲是我心底永远的牵挂

　　客家传统文化注重儒家礼制，追求家国情怀。这种以家国同构思想为指导原则的家训传承，贯穿客家人的一生，对每个客家人的成长影响至深，即使离开客家人聚居的地域，这些家训产生的道德作用也还会影响到数代客家人。例如，客家传统家训劝诫后人把品行端正、勤劳节俭作为立身处世的良法，把恭敬谦和、宽容忍耐作为邻里相处的良法，把廉洁奉公作为出仕为官的良法。

　　二十八岁离开老家，只身来到厦门打工，罗远良离开家乡时内心满满都是迷茫和凄凉。对前途未卜的担忧，对陌生环境的不安，都缠绕在心底。但是，他通过自己的努力打拼，从通身只有十元，到现在打下亿万市值的瑞尔特企业江山，他的成就来源很有多因素，是天时、地利、人和的综合作用，也是他个人成长的一部奋斗史。而支撑着他一路向前的动力和核心价值体系又是什么呢？

　　"虽然老家连城离厦门不算远，我也经常回去。但是每次回去还是非常激动。家乡熟悉的风景、熟悉的人、熟悉的乡音，甚至骂人的口头禅都那么亲切。我退休的时候，一定要回老家养老。我已经把老家的房子修整好了，以后退休了，就可以回老家住着。在老家，总是很放松很开心的。"

　　"客家人的宗族观念很重，我也是。我觉得宗亲是很重要的，我们既是血缘相连的亲人，也是共同姓氏的家人。我们罗氏的宗亲文化很浓厚，我觉得非常好。我是远字辈，我父亲是方字辈，我爷爷是源字辈，曾祖父是德字辈。我们罗氏豫章堂的各个分支都很清晰。我们罗氏还成立了罗氏宗亲会。我觉得应该通过宗亲会的力量，去寻找各地散落的宗亲，把大家凝聚起来，有宗亲在，即使身在异乡，也没人敢欺负他。宗亲就是所有同宗人的根。"

"客家人的家风文化体系其实就是依托在宗亲上的。我们的祖训都刻在我们的祠堂。老一辈的人更注重这个，现在的年轻人对宗族文化关注不多，我觉得是一种遗憾。我们祖先传承下来的很多思想和训诫，我觉得还是非常好的。现在社会发展太快了，人们容易迷失方向。但是，有良好的家风传承的话，可以少走很多弯路。一个重视家风教育的家庭，一定会越来越昌盛，一个重视企业文化的企业也更有发展的原动力。所以，我希望我企业的年轻人，还有我家里的后代都能重视家风学习和建设。"

结 语

"以德为本，以才为用"，家风是家族世代积累、繁衍生息过程中形成的较为稳定的生活作风、传统习惯和道德面貌。家训和族规是展示清白家风的载体。客家传统文化注重宗族文化的传承，所以长辈会尽心地把祖上世代积累的真知感悟记录下来，并传授给后辈，避免他们多走弯路。

一个伟大的梦想往往开始于一颗默默无闻的种子，一棵参天大树的成长往往开始于一片有滋养的土壤。家风的力量就是在潜移默化中根植于你的骨髓，融入你的生命和血液里，在你为人处世和奋勇打拼的路上，为你点亮一盏明灯，照亮你前行的方向。而客家人的家风教育便是罗远良心底的那盏灯，让他的人生更加敞亮，不畏困难，永远善良，不畏严寒，永远温暖！

王瑞祥：
以味会友，孝道传家

□ 陈忠坤

【人物名片】

王瑞祥，1967年出生，集美区侨英街道凤林美社区人，厦门市味友餐饮管理有限公司董事长，担任厦门市第十四、十五、十六届人大代表、集美区政协常委、厦门市工商联（总商会）副主席、集美区工商联（商会）主席（会长）等多个职务。

1993年，王瑞祥在集美区凤林村首开"味友饮食店"，坚持"以味会友，真材实料"理念，主营味友鸭面线、香酥软虾、匙子炸等闽南农耕特色菜，如今，经过近三十年的发展，"味友"荣膺"中国餐饮名店""中国十佳闽菜名店""福建省著名商标"等称号，2012年被厦门市商务局等单位评定为"厦门老字号"。

2016年，"味友"获评"全国先进个体工商户"，王瑞祥也受国务院原总理李克强的亲切会见。

2018年，王瑞祥家庭被评为"福建省第十一届五好家庭"。

爷爷为了孝敬阿祖，从新加坡踏上了归国路

王瑞祥是土生土长的厦门人。1967年，他出生于集美凤林村，隶属于现在的集美区侨英街道凤林美社区。如今，这里高楼林立，车水马龙，一片繁华的城市景象；但在以往，这里却是相对闭塞，商业萧条，物资匮乏。只因靠近海湾，又多水田，村民大多靠农、渔为业，世代耕耘。但即使勤苦劳作，有些家庭还是难以自给自足，迫于生计，许多人背井离乡，踏上"过番"之路。过番，闽南语方言，一般指20世纪30年代后，因国内战乱不断，福建、广东一带兴起的"下南洋"热潮。这股浪潮中，既有对未来充满希望的人，也有在家乡故土待不下去的人，他们或是为了谋生计、维持家庭生活，或是为了躲避战乱、改变个人或家族的命运，不辞劳苦，背井离乡。

"那时候，不是穷苦人家，谁愿意远渡重洋！我曾听奶奶讲起过，我爷爷也'过番'去了新加坡，多年摸爬滚打后，才有了一些积蓄。后来，他开始经营一份小生意，生意虽然不大，但日子过得相对充裕。后来，我爷爷常常收到阿祖的信批，说她常年卧病在床，无人照料，希望我爷爷早日归国回家乡（注："阿祖"这里指王瑞祥父亲的奶奶。闽南人一般称爷爷奶奶的父辈为阿祖）。1948那一年，厦门乃至全国都还没解放，我爷爷因闻家中母亲病急，便匆匆变卖商铺，带上四个孩子，踏上了归国路。"

与王瑞祥的交流，在聊家常中惬意进行。闽南人的待客之道，便是泡起了功夫茶。几句简单的寒暄之后，武夷岩茶的茶香开始飘溢整个屋子，饮过茶后，王瑞祥的话匣子也逐渐打开了。

"我父亲王辉荣是家中的长子，归国时才13岁。爷爷希望孩子长大能识字，刚回国就让父亲上了村里的私塾。1949年10月17日，在人民解放军和厦门人民的浴血奋战下，厦门宣告解放！此后不久，私塾解散了，父亲也随之失了学。"

王瑞祥说，当年他爷爷带回来了四个孩子，回国后不久，又相继生了三个，所以他的父辈有七个兄弟姐妹。孩子众多，使这个原本并不富裕的家庭，一下子变得更加艰难。失学后的父亲，作为家中的长子，只能选择担起家庭的重任，帮忙操持一家生计。"其实我父亲也希望能读书，只是条件不允许。也因为父亲敢挑重任，才让他的兄弟姐妹获得更多上学的机会，我有一位叔叔，后来还考上了上海纺织大学，成为当时我们村唯一的大学生！"

淳朴父母的耳濡目染，让我更懂"孝"的意义

"我父亲性格耿直、直爽，富有正义感，这种品质是我一生学习的宝贵财富。我记得小时候，邻里之间有个摩擦争吵的，只要父亲站出来主持公道，双方有什么矛盾都能很快得到平息。因此，父亲很受邻里尊敬。"说到这里，王瑞祥很是自豪，他喝了一口茶，继续说道，"可惜的是，我爷爷回来后不久，我阿祖因病去世。后来，在我父亲差不多二十来岁的时候，我爷爷也离世了。我跟我爷爷没有交集，只能通过墙上的照片去辨识。爷爷走了以后，父亲伤心了一阵子，子欲养，而亲不在！可是，生活还得继续，他只能选择，把生活的重担一肩挑起！"

"与我母亲结婚以后,父亲还是起早摸黑的,每日里忙着干农活。那时,我母亲在集美区凤林小学当老师,虽然工资不高,但也能贴补家用。生活上,母亲省吃俭用;工作上,她更是一心扑在学生身上。"王瑞祥追忆着,那时,他母亲白日给学生上课,晚上回来常常批改作业到大半夜,家里的大小家务活,基本没时间搭理,因此都是他父亲一人忙里忙外。在王瑞祥很小的时候,他便懂得为父亲分担点家务,比如家里水缸的水没了,他会帮着去村口打水;农收时节,他也会跟着父亲到田里,干点力所能及的事。只能说,穷人的孩子早当家了。"

"如果说我父亲教我的,是怎么去爱你身边的人,怎么去扛起生活的重任,那么,我母亲更多教会我的,则如何去孝敬自己的长辈。"王瑞祥说道,"可能因为母亲是教师的缘故,教育我们的事,大多是母亲在负责。母亲的教育方式非常严格,她不喜欢叽叽喳喳,而是一副刚正不阿、惩戒分明的样子。我记得上初中时,有一次我旷课逃学,回家后就被母亲关在房间里,痛打了一顿,那种疼痛我记忆犹新!"说到这里,王瑞祥笑了笑,"虽然痛,但都是美好的回忆啊!只是,最让我记忆深刻的,也是影响我一生的,是母亲举手投足间,都呈现出对家里长辈的'孝'。那时候,农村物质条件匮乏,基本上家家户户都自己养鸡鸭,平日里是

厦门市味友餐饮管理有限公司
董事长王瑞祥个人照

舍不得杀的，只有逢年过节，才会杀一两只，再用药材炖汤。所以，那炖汤的味道刚飘出来，孩子们的口水就流下来了。我记得我家的鸭汤炖好后，母亲总会拿出大碗，打一根大大的鸭腿，舀上满满的一碗汤，让我端去孝敬我奶奶。"在王瑞祥的记忆中，家里只要有好吃的，第一碗，母亲一定是要先孝敬奶奶的，这种行为，也在他幼小的心里，种下了爱的种子。

"即使，人多肉少，但母亲会多放一些汤水，然后煮一大盘的面线，这时，孩子们开心地围上桌，夹起面线，再舀上几勺汤，于是，津津有味地吃起来。"也许，也正是这段刻骨铭心的记忆，这种饱含着"爱"的"鸭面线"的味道，也成了后来王瑞祥创办的"味友"品牌的核心价值。

不安分的农村少年，不平凡的人生闯荡路

生长在普通农村的王瑞祥，从小就有一颗不安分的心。"跟大部分的农村孩子一样，我小时候也很淘气，很是叛逆，有时候也旷课。我妈在学校当老师，她儿子又不听话，可把她气啊，回到家，我就难免要忍受一顿皮肉苦！记得初中时，有一次被妈妈打疼了，我就偷偷跑到村旁的甘蔗林躲起来，直到天黑了我外公找到我，我才回了家。要不是我外公来劝，我才不回家呢！即便是这样，那时候的我，也一心想走出农村，走出这一片贫瘠的土地，闯荡自己的人生路。"

1982年，初中毕业的王瑞祥，考上了职业高中缝纫班（注：1980年，国务院批转教育部、国家劳动总局关于中等教育结构改革的报告，指出要改革中等教育结构，发展职业技术教育，促进

高中阶段的教育更加适应社会主义现代化建设的需要。从1982年开始，全国在改革中等教育结构的基础上，由普通高中改建而成职业高中，培养目标与中等职业学校类似。而在20世纪80年代，成绩较好的人，才可能被中等职业学校录取，毕业后工作也包分配）。在20世纪80年代，缝纫是非常吃香的行业。那时候，农村流行四大件：自行车、缝纫机、手表、收音机。可见，掌握了缝纫技术，便是掌握一份永不失业的技艺。"职高是二年制的，第二学年一开始学校就安排实习。刚好集美有一个制衣厂，我被安排到制衣厂当学徒工，可是，学徒工的工资实在太低了，这让我原本学习缝纫的信心，一下子就跌到谷底。实习过后，我没有选择留在制衣厂，而是选择放弃……"

"那时，恰逢我母亲任教的小学缺老师，于是，我母亲说

船上留影

服我去当代课老师，可那时我毕竟才刚16周岁，上课就如同小孩子在教小孩子，没多久，我便心有余而力不足了……"

"后来，因为我有个姨丈在集美航海学院工作，说学校的食堂缺人，推荐我到那边去。那时候物资相对匮乏，能吃饱饭就不错了。我想，到了食堂以后就不愁吃的问题，每天都有米饭馒头吃，有大鱼大肉配，心里就洋溢着幸福，便不假思索去了航海学院的食堂。直到有一天，我在食堂的墙上，看到一张写着'集美宾馆招工'的海报，于是，那颗不安分的心又开始跳动了，好不容易等到周末，我便跑去应聘，没想到居然被录用了……"

"这已经是1985年的事了，我去了集美宾馆上班，起初是在客房部工作，后因有在航海学院食堂当学徒的经验，1986年初，领导把我转到宾馆的后厨工作，并委派我到厦门宾馆学习，一年在风味餐厅学习，一年在西餐厅学习，两年期满再回集美宾馆后厨。那时，厦门宾馆不管是管理，还是餐饮水平，都是厦门一流的，两年的学习，也让我的视野开阔了，厨艺更是突飞猛进！"

讲到自己不平凡的人生闯荡路，王瑞祥滔滔不绝。这也许是冥冥中的命运安排，他始终无法忘却的那种"爱"的鸭面线的味道，在他绕了一圈的工作之后，居然还是走上了"厨师"这份职业。可是，王瑞祥始终是不安分的，他并没有由此停下脚步。1989年底，在得知"跑船"的劳务工资比国内高了近十倍（注：跑船，实际上是到以国际航线为主的货轮上工作，众所周知，世界上的贸易大多是靠海运实现的。船员们一旦出海，要么数月，要么数年才能返程，一方面要面临海上风险，另一方面与亲人聚少离多，要承受的痛苦也可想而知），王瑞祥毅然决然放弃手头稳定的工作，加入了"航海"大军！

人生海海，怪只怪那颗不安分的心啊！

两次出海，让我更加珍惜脚下的土地、眼前的亲人

"跑船"是为了更好地生活。"等挣到钱了，我一定会回来的！"王瑞祥给自己打气，收拾好行囊，便告别了亲人，跟着货轮驶入了茫茫的大海中！

"1989年年底我第一次出海，船先到日本，从日本走向阿留申群岛，拐下来再走夏威夷群岛，又从夏威夷群岛再到阿留申群岛再到洛杉矶，再经由巴拿马运河，再到密西西比河和新奥尔良……船在海上常遇各种风波，躲也躲不掉，每次船都摇晃得特别厉害，有些人呕吐不止，可那时我年轻气盛，从未感到害怕。而且，我在船上负责后厨，伙食自然不愁，唯独感到特别的孤独。船在海上漂的日子，日复一日面对的都是船上的人，与家人基本是失联的状态，所以特别思念家里的亲人，思念那位我出海前未成亲的女友。有一次，船靠岸了，我忍不住给家里打了个长途电话，就花了我近一百块人民币，那时候普通工人一个月的工资也才两百多块。我心疼极了，后来哪怕思念，也只能偷偷埋在心底了。这一趟我们走了11个多月，回来也赚了几千元，这些钱也让我娶了媳妇，买了大彩电，人生也算得上圆满了。可是，在漂泊后停歇了近一年后，我整个人便松懈下来了，每天无所事事的样子……"

"直到1991年年初，生活的压力再次袭来，我想也只能再出海一趟了。这一次，我们的船没有固定航线，哪里有货就到哪装，装完就去目的地卸，卸完又装，一会儿从澳大利亚扛沙到日本，一会儿从日本开空船到美国装粮食，一会儿又从日本装钢铁到伊朗，再从伊朗运到乌克兰，从乌克兰再装钢铁到

味友豪丽店环境图

广西……我们在海上整整漂了15个月，遇到的风浪更大，碰到的困难更多，有一次碰到北季风，船摇晃得厉害，有些胆小的船员都吓哭了，也正是这样的经历，让我更加感觉生活的不易……"王瑞祥缓缓地讲述，此时他陷入了沉思，也许，思绪早已飘回当年的风浪中……

"因为有了第一次的经验，这一趟我更省吃俭用，到1992年回来时，收入竟是上一趟的十几倍。钱是挣着了，但我忽然觉得，我脚下的这块土地，我身边的这些亲人，比金钱更加重要。我下定决心，从此以后，再也不出海了！"说到这里，空气显得有些凝重，桌上的武夷岩茶早已冷却，他顿了顿，倒上热水，茶香再次溢起，"而让我感触最深的，是有一次我们的船在美国靠岸，美国人一看我是中国人，因为我是第一次到美国，所以不给我发通行证，我只好一个人在船上待着。那时候，船上的船员有来自印度、斯里兰卡、中国香港等不同国家和地区，不发我通行证的原因是担心我是偷渡客，这种差别对待让我倍感屈辱，也第一次深刻感觉，祖国的强大有多么重要！我觉得我们有能力，就应该为祖国的发展贡献力量！"

也许，生命中的一些领悟，只有经历了，体会才更深刻！

立足家乡，创立"味友"事业稳步发展

1993年，王瑞祥"跑船"归来回到集美老家，他决定不再离开这片生养他的土地！而这一年，改革的春风终于吹到了集美，国务院批准设立集美台商投资区，也将王瑞祥所在的村庄一并划入台商投资区。作为国家最早批复的台商投资区之一，集美北部工业区开始征地，此后，辖区内工厂如雨后春笋般冒出，一批批台商前赴后继来到这片热土，留下了汗水和泪水，推动着这个区域迈向新发展、新跨越。轰轰烈烈的发展场面，也让周边的村民们更有拼劲，他们开始热火朝天自主创业：开餐饮店、小超市，创办建筑公司、服装制衣厂等，跟随改革的春风，小步奔向小康。

"我和村民们一样，很快就加入了创业的热潮，先在航海学院附近租了一个40几平方米的店面，做点学生的生意。1993年机缘巧合下搬至我老家凤林村路口，正式更名为'味友'，此时店面变大了，客流也一下子增加了。记得那时，客流量大的时候，客人没地方停车，周边邻居还出来帮忙招呼把车停到他们家门口；有时候桌子不够，邻居还搬出自家的桌子，给客人临时搭一桌……现在想起这些，真感谢这些热心的乡亲，是

他们的支持,'味友'才能走到今天……"回忆当初,王瑞祥内心感慨万分,"其实,我做梦也没有想到,'味友'能发展到如今这个规模,主要还是得益于我们坚持'以味会友',那一'味',就是闽南'味'、家乡'味'、妈妈'味',就是我们坚持与传承的'孝'!"

"味友"主营闽食风味,从1993年创立至今,已发展至13家分店,经营规模近4万平方米,成为厦门岛外最大的餐饮连锁企业。"味友"品牌陆续荣膺"中国餐饮名店""中国十佳闽菜名店""福建省著名商标"等称号,2012年被厦门市商务局等单位评定为"厦门老字号"。2016年,"味友"获评"全国先进个体工商户",王瑞祥也受国务院原总理李克强的亲切会见。2017年,金砖国家领导人在厦门会晤期间,全国媒体的闪光灯聚焦厦门,"味友"作为本地美食代表,在央视一套、四套、十三套轮番报道,央视媒体对"味友"所代表的闽南美食也是极尽溢美之词。之后,《舌尖上的中国》第三季主创团队也快马加鞭赶到厦门,把"味友"鸭面线作为"家宴"的美食之一,在"味友"世贸店取景拍摄,屏幕中,画面一帧一帧地过,料理的香气一滴不漏地溢出,"味友"美食让人垂涎。

孝道传家,诚信立身,
不忘初心反哺家乡馈社会

"'味友'能有今天的成就,离不开家乡亲人朋友的支持!从母亲叮嘱我将鸭腿面线汤端给奶奶的那一刻起,我知道'孝'字有多重要,孝敬父母,孝敬亲人,孝敬朋友,孝敬社会，所以，'味友'始终恪守'孝'味，恪守'诚信'经营！"

王瑞祥一家已四世同堂，每周末，他的弟弟、妹妹都会回家，全家一起陪八十几岁高龄的母亲吃饭。直到现在，王瑞祥要出远门，还是会第一时间告知母亲。2018年，这个孝道传家、和睦温馨的家庭，被评为"福建省第十一届五好家庭"。

从"孝道传家"，到"诚信立身"，王瑞祥要求"味友"的食材全部要真材实料。"味友鸭面线、目鱼干猪脚、乡土匙子炸、仙景（仙景，位于厦门市集美区灌口镇田头村）芋头、茶油焖土鸡、土鸡蛋炖干贝、金针大肠血……'味友'特色菜的食材，基本来自闽南乡间的土特产。这些土特产也是需要挖掘的，比如'味友鸭面线'的面线，我们花了很长的时间，才找到一位四代传承的面线师傅，他家的面线可是纯手工制作，煮起来不糊，吃起来有嚼劲。比如说'仙景芋头'，这个芋头因其松、酥、香的口感而闻名于世，质量可是上等的，曾一度滞销，看着农民辛苦种的芋头烂在地里，我心里也很难受。后来，我们把这个芋头挖掘成我们店的特色菜谱，没承想，'仙景芋'很快成了'抢手芋'，如今销量年年攀升！"

民以食为天！也正是食材的保障，"味友"才赢得好口碑。到店消费的许多顾客，啧啧称赞"味友"是"妈妈的味道"，外出的闽南人，更是将"味友"当成唤醒"家乡记忆"的美食，他们口口相传。从集美，到福建，到全国，乃至海外，许多了解厦门美食的人，来到厦门后也不忘到"味友"，吃上一碗"鸭面线"！

"我记忆尤为深刻的，店里曾经来了一位外籍华人，他不会说普通话，手里拿着一张小卡片，进了店一直指着卡片对我叽叽咕咕，我没听懂，拿起卡片一看，上面写着：鸭面线、仙景芋头、香酥软虾……我明白了，他是想吃这几款菜啊。我连忙点头，他跟我竖起大拇指，然后对外招呼了几下，我往外面一看，外面停着一辆巴士，一下子下来了十几个人，也没有导游，但每个人手里都拿着一张卡片，原来，他们就是凭这张卡片，找到'味友'来的……"看着自己一手经营的"味友"能受到大众的认可，王瑞祥的内心是自豪的，也是富足的。2019年1月，王瑞祥因诚信经营，被评为"第七届厦门市诚实守信道德模范"。"真的很感谢改革开放，我们才有可能踏上创业路，也才可能让'味友'从一家小店，发展到现在的一定规模。感谢我们伟大的祖国！感谢乡亲！感谢所有支持'味友'的顾客！"

常怀感恩之心，也莫忘反哺家乡馈社会！早在2003年，"味友"还只是凤林村一家小店时，王瑞祥就开始资助村里的

重阳节送温暖社区老人

老人。每逢春节、中秋节、重阳节等传统节日，他会发动自己的员工，一起提上店里的手工面线、食用油等食品，去慰问村里的老人们，陪他们聊聊天。王瑞祥也慷慨解囊，连续十几年参加厦门市属各慈善机构组织的向困难户赠送"年夜饭"的活动。在集美区，他资助了许多贫困生，却不愿设立以自己名字命名的奖助学金。离厦门2000公里外的甘肃省临夏州和政县，是集美区深化东西部扶贫的帮扶县，王瑞祥也积极响应号召，捐资支援当地的学校建设……

儿子大学毕业后意外返乡，携手父亲共承"孝"味

也许是因为长时间忙于事业，对于儿子王鑫，王瑞祥总觉得照顾不够，内心也是充满愧疚的。

"我们做餐饮业，忙起来根本没有精力去管他。以前经营小店的时候，早上五六点就要自己去市场买菜，回来后客人也陆陆续续进来了，晚上经常也要陪客户喝点小酒，回到家也夜深了。基本上，早晨出去孩子在睡觉，晚上回来孩子也在睡觉。"讲到这里，王瑞祥很无奈，也正因为厨师的工作太苦太累，王瑞祥当初并不打算让儿子王鑫子承父业，他有意让孩子朝自己的兴趣方面发展。"后来，发现王鑫喜欢画画，我们蛮重视的，特意给他报了专业的绘画班。到了高中，我们还特意引导他读艺术类专业。但是王鑫有自己的想法，高考完，因为成绩不太理想，他选择去澳门科技大学就读国际酒店管理专

业。我们也是后来才知道，他在快毕业时，居然通过层层筛选，进入了澳门的一家三星级米其林餐厅，并且在里面实习了半年。自从他进了米其林餐厅实习后，对餐饮这个行业有了自己的领悟。毕业后，本以为他会留在澳门或者其他城市发展，让我意外的是，他居然选择回到家乡，如今还和我一起携手，经营起'味友'来，这真是意外之喜！"

其实，王鑫也不是一下子就回到"味友"，刚回厦门时，他向父亲提议，要开一个茶饮店，而且把产品企划、店面装潢、人员安排、市场定位等都考虑好了，王瑞祥本着让孩子锻炼的心态，就放手让孩子去尝试，没想到王鑫很快就将想法付诸实践，而且做得有声有色。"我的文化程度低，做餐饮也是摸着石头过河，逼着自己不断创新，不断优化。可王鑫不一样，他经过知识体系的系统学习，在餐饮卫生、品牌高度、管理体系等都有了更为专业、更为国际化的理解，这是我永远学不来的！"

于是，在王瑞祥的有意培养下，王鑫很快转变了身份，他以"味友"总经理的角色，很快建立起"味友"培训体系和配送中心，在新店"味友国贸店"的装修上，王瑞祥也放手让王鑫自己操办。"餐饮行业是服务业，许多事情需要亲力亲为。现在，王鑫成长起来了，'味友'后继有人了，

王鑫个人照

我也终于可以抽出时间,来做一些原本忽略了,或者没有时间去做的事了。"

"我常对别人开玩笑说,王鑫是来给我'救场'的,不管是在'味友'的经营上,还是参与一些社会活动,我们现在是两个人,很多事,都可以分开身了。"说完,王瑞祥笑了笑,这种笑是自信的笑,也是欣慰的笑。他随手将每个人面前的杯中茶倒掉,"茶冷了,我再沏上新茶……我现在最大的愿望,就是假与时日,能成立一个教育基金,以支持家乡的教育事业,因为我出生于集美,这个曾经走出伟大的爱国教育家陈嘉庚的地方!"

此时,热水入茶壶,随之,武夷岩韵飘溢屋内,久久弥香!

郑希远：
郑姓赋予我的使命，是鞭策我前行的动力

□ 罗罗

【人物名片】

郑希远，1954年生，福建惠安人，厦门市郑成功研究会会长、厦门海山环宇置业有限公司董事长。

2010年以前，郑希远是一个纯粹的企业家，伴随着中国市场经济发展和改革开放，企业也经历多次变革发展。作为厦门海山环宇置业有限公司董事长，他带领团队在商海沉浮中坚守初心，收获了成长和成功。

2010年以后，郑希远被赋予了更多"郑家人"的使命。为了郑氏家族的文化事业，他毅然放弃经营自己的企业和规划好的闲适的退休生活。

郑希远先后担任厦门市郑成功研究会会长、厦门姓氏源流研究会郑氏委员会会长、厦门市姓氏源流研究会常务副会长、厦门市延平郡王祠管委会副主委、厦门市闽南文化研究会副会长，并被台湾地区的两岸关系发展促进会、台南郑姓大宗祠管理委员会、世界郑氏宗亲总会分别聘为荣誉理事长、高级顾问、副总会长。曾任主要社会职务有：厦门市思明区政协委员、民建思明区基层委员会副主委、民建思明区经济支部主任等。

2019年，郑希远带领延平郡王祠管委会全体工作人员为申报"延平郡王信俗国家级非物质文化遗产"项目忙碌，经过一年多的努力最

终成功入选，为厦门市增添又一张"国字号"非遗名片。

十余年来，郑希远始终致力于两岸郑成功文化和郑氏宗亲的交往、交流工作。其所管理的郑成功研究会和延平郡王祠作为厦门市涉台单位和重要的对台文化交流窗口，具有非常重要的平台意义，先后与台湾百余家郑成功宫庙、宗祠、社会团体建立了联系。

郑希远非常重视发展与台湾各界的学术文化交流合作。他配合思明区政府举办了十三届"海峡两岸郑成功文化节"。十几年来，广大台胞通过参加郑成功文化节更加深刻认同"两岸同根，闽台一家"的血脉亲情。他曾带团于2013年包机、2015年包船赴台交流，开民间包船、包机赴台之先河。

2017年5月，郑希远成功当选"台湾世界郑氏宗亲总会"副总会长，成为大陆首位在台湾社会团体任职的副总会长，进一步夯实两岸民间交流的基础，深受两岸民众的支持与肯定。

2019年5月6日、6月23日在厦门市台办的支持下，郑希远带领福建各界宗亲在延平郡王祠分别接待了台湾王氏宗亲会荣誉理事长王金平、台湾"中央军事院校"校友总会理事长季麟连两位台湾知名人士及诸多随行人士，共同祭拜国姓爷郑成功。这是厦门延平郡王祠重建以来接待的最高级别的台湾人士。自此，许多台胞到大陆寻亲谒祖、旅游观光首选厦门市延平郡王祠。

郑希远热衷于郑氏文化和源流的探索研究。据不完全统计，2013年至今，郑希远个人出资重组厦门市郑成功研究会、管理厦门市延平郡王祠及相应的对台交流费用达数百万元，摸索并拓展出一条郑成功文化研究、开台圣王民俗信仰和姓氏源流郑氏宗亲"三位一体"的对台工作新路子，求同存异，成功地穿越意识形态的藩篱，极大地强化了两岸同胞血浓于水的民族情感，被誉为"民间对台交流第一人"。

前　言

为了传承郑氏源流文化和弘扬郑成功精神，郑希远放弃了企业的经营和企业家的成功与荣耀，不仅个人出资数百万元，更十数年如一日地投入了百分之百的精力和热忱。这个转身的背后，是什么样的精神力量支撑和鼓舞着他？从企业家到郑氏文化推广，商界的拼搏精神和文化界的融合精神，在郑希远身上又是如何高度融合的？作为曾经的企业家，现今的郑成功爱国主义精神和郑氏家风家训文化的传播推广人，郑希远背后又有什么样的家风故事呢？

父亲告诉我，是家族的力量让我们家能活下来

郑希远出生于福建省惠安县，在厦门市长大。他最初对于老家惠安的印象，多来自父亲的叙述。

"我的父亲两岁时，我的爷爷就去世了。我的奶奶，一个人带着两个儿子，日子过得非常艰难。奶奶出生在清朝，裹着小脚，没有上过一天学。这样一个没有文化又没有劳动能力的妇人，要拉扯大两个儿子，真的非常不容易。父亲总说，那时如果没有奶奶的吃苦耐劳、没有郑氏族人的热心帮扶，我们一家人可能活不到现在。

"郑氏家族一直传承着'助学讲学、互帮互助'的家族文化。那时族人看我奶奶一个人带两个孩子，生活非常困难，族里就集资了一些钱给奶奶，有的族人平时会多做一些食物，接济下我们家。奶奶在郑氏族人的帮助下，自己做些手工、养些家禽，含辛茹苦地把我父亲和大伯拉扯大。等大伯和父亲到了读书的年龄，族里还让他们免费到学堂读书学习。后来，父亲在族人的支持和资助下，考上了泉州商校，成为一个有文化的青年。这些经历为父亲后面来厦门发展并成家立业奠定了很好的基础，也算改变了他的人生命运。

"我的父亲是个非常忠厚的人。他不善言辞但很有内才，会音乐、爱弹唱、爱看书，业余生活很丰富，性格也很好。父亲很少用言语管教我们，或者对我们提出要求，总是默默地做，用他的人生经历告诉我们做人的道理。"

"我的父亲告诉我不能占人家分毫便宜。这句话给我留下了很深刻的印象。后来我做企业，经历了各种改制，也出现了很多困局，甚至因为种种原因，公司一度停滞没办法运营。我

郑会长全家福

还为此上访过，经过不懈努力，解决了企业的问题。在这个过程中，我没有亏欠投资人一分钱。宁愿自己吃亏，也不让别人吃亏。也因为这样，我结交了一群好朋友，他们也一直尽最大努力支持我。"

郑希远说自己像父亲，爱看书、内心世界丰富、有情怀和梦想，但是非常有个性和脾气，面对不公和不合理一定会站出来反抗。"我和我的父亲内在的性情和个性都如出一辙，我做人做事的原则也受父亲的影响很大。而我父亲很多品质深受我奶奶的影响。应该说这就是家风吧。"

当年，郑希远的奶奶经历了那么多的苦难，依然对生活充满了热情和乐观，从不抱怨命运，不怨天尤人。总是告诉孩子要往前看，要懂得感恩。

"奶奶说，把自己的人生过好了，就是对别人的帮助最好的回报。同时，在自己力所能及的范围内，尽力帮助有需要的人。这才是郑家人该有的风范。"

对于郑氏家族的概念、对于家风传承的理解，就这样点点滴滴地通过奶奶和父亲的经历与描述根植进了郑希远儿时幼小的心灵。郑氏家族的归属感和血脉相连的亲情、艰难时刻的援手和道义深深地影响着他。家族的力量之强大、家族家风力量之强大，像一颗富有生命力的种子种在了郑希远的生命里。

母亲的伟大付出和坚韧坚强，
是我最有底气的家教

说起幼时的经历，历经沧桑的郑希远依然感慨万分。

"我的父亲年轻时从老家惠安来到厦门一家药店打工当学徒，因缘认识了我母亲，并结合在一起。我的母亲是个非常贤惠而坚韧的女性。很长一段时间，她一个人用单薄的肩膀撑起了整个家。如果没有她的坚强和付出，我们家可能就散了。"

儿时，父亲下放外地，年少的郑希远和姐姐下乡，家中只有年迈的奶奶和年幼的弟弟。

"一家人分隔三地，母亲既要照顾家中年迈的奶奶和我年幼的弟弟，心里又牵挂下放的父亲，还有姐姐和我。那时，我姐姐得了肺炎，虽然医治好了，但是体力不济，身体也很弱，不能负担太重的劳动，还得补充营养。姐姐的身体让我母亲很牵挂，时不时托人从家里带些有营养的东西给姐姐补身体。那时家里很困难，也没什么东西，有时就是几个鸡蛋或者一点大枣和莲子。这些都是母亲想方设法省下来的。母亲还特别担心父亲被人欺负了，因为她了解父亲的秉性，知他心有乾坤却不善言辞，遇到看不惯的事情会放在心上。如果解决不了，父亲就会郁郁寡欢。那几年，母亲总是抽空分别给我们写信，开解父亲、姐姐和我，也和我们讲家里都好，让我们放心。其实，我知道那时母亲过得非常辛苦。早些时候为了照顾三个孩子，母亲没有出去工作，没有什么工作经验。而在一家人分隔多地的情况下，为了维持老老小小的正常生活，母亲除了照顾家庭，还得去罐头厂打临时工，起早贪黑，非常辛苦。母亲心里又要牵挂分隔各地的我们，不知道一家人何时才能团聚。那种肉体加精神的折磨真的非常煎熬。幸好，母亲是个坚韧而乐观的人，她总能看到生活光明的一面，还会拿在罐头厂做零工时发生的一些小趣事逗我们开心。"

后来，郑希远从下乡的地方回到厦门。他务过农、当过兵、做过工人，之后又考上了电视大学，经营企业。用他自己的话说，"工农兵学商"都全了。人生经历和个中体会用"丰富"二字已不足以描述。

"我经历了很多：初中只上一年就毕业下乡了，后来当了三年兵，进工厂做过工人，自学考上电视大学，后来所在国企政策性清盘，因而下岗，索性自己下海经商做企业。人生海海，起起伏伏，现在的我年岁已高，却依然充满激情地推广郑成功文化和精神，传播郑氏源流和家族文化。我觉得，我受我父母的影响很大。他们在生活中活出了积极的乐观主义精神，他们知恩图报的秉性、善良进取的品格、对家人的无私付出，所有这些都在潜移默化中深深地影响着我，对我的世界观、生活观和家庭观都产生影响。"

"受父母的影响，我也是这样要求自己的孩子。我只有一个女儿，我对她的教育，大的指导原则就一句话——靠自觉。我对她没有具体的人生规划和目标要求。每个孩子都有自己的特性，也有自己要面对的人生。我有告诉她郑氏家族的故事和祖辈的经历，也建议

郑会长及妻子 女儿

她有空多学习这方面的知识，多阅读书籍。我希望她能在郑氏家族文化的熏陶下，通过阅读和间接体验明白应该如何做人，悟出人生的哲学。"

"我的家人对我帮助很大，我非常感谢他们。特别是我全身心投入郑成功研究会的事业后，不仅把家里的钱拿出来做事，还经常忙得团团转，少了陪伴家人的时间。庆幸的是，我的太太和孩子都非常理解我，也尽他们的所能支持我。有时，我们办活动，我女儿会积极来帮忙，跑前跑后的。虽然，她有自己的工作，没办法像我这样全身心投入进来，但是孩子用自己的方式表达了对我工作最大的支持。家人的理解给予我很大的动力。如果没有家里人的支持和理解，我是没有办法支撑下去的。"

家风是一种无言的教育，润物无声地影响孩子的心灵。

"我觉得，老郑家的人这方面的觉悟都挺高的。这应该是家风文化传承潜力默化影响的具体表象吧。家风文化就像一种无形的强大力量，自然而然就会吸引和影响身边的人。"

俗话说："言传不如身教。"郑希远在奶奶和父母身上感受到的人生哲理才是更为深刻的传授。就如人生的底色一般，在日常生活和亲身经历的耳濡目染和深刻体验中，渐渐被印上了感恩博爱、积极向上、善良勇敢、坚韧不拔的烙印。这个烙印会刻在郑希远的生命里伴随他的一生，永远不会褪色。

家风家训是融入郑家人血脉里亘古不变的精神

从一名企业家到厦门市郑成功研究会的会长，为推广郑成功文化付出了无数心血的郑希远，坚守着家族文化传承和郑成功爱国主义精神传播推广。身份转变的背后，支撑他的是家族的力量和文化的力量。

"爱国、忠孝、包容、诚信、礼仪、廉耻，是郑氏家风和家训里的关键词，也是我们郑氏家风文化的重点。我们老郑家自古以来就很重视家风家训的传承。"

交谈间隙，郑希远拿出了一本不久前由海峡文艺出版社出版发行的书籍《历代郑氏家训》，里面叙述和记载了历代郑氏家族的家风家训，其中最为有名的就是"江南第一家"浦江义门郑氏的《郑氏规范》。

《郑氏规范》以儒家伦理作指导，主张以义统利。对内实行财产公有制，按需分配财务；采用各种有效措施，防范营私舞弊行为，调动家众的生产积极性。对外则以仁爱和信义待人，采取"不可过刚，不可过柔"的中庸之道。浦江义门郑氏历十五世达三百三十多年。这一长达三个世纪的雍睦义门，堪称中国乃至世界家族文化史上的一大奇迹，曾被宋、元、明三朝树为治家典范。而支撑"郑义门"的精神支柱，就是这部名为"郑氏规范"的家规。这是郑氏家族管家治家的法宝。《郑氏规范》蕴含着十分优秀的传统儒家思想，其中以德正心、以礼修身、以孝传家、以义济世、力戒奢华、清廉从政、勤勉奉公等家规家法，对于个人成长、治家理国等方面都有非常重要的启示意义。

由此，郑氏家族对于家风教训的重视可见一斑。郑氏家族

历朝历代能人异士辈出，横跨政界、史学界、思想界、文学界和商界等。这诸多杰出人才的涌现与郑氏家族注重家风家训教育和传承是分不开的。

"'国无德不立，人无德不兴'，我们老郑家从古至今都非常重视家风家训的教育和传承。当出版社编辑说要出这本书时，我觉得非常有意义。厦门郑氏宗亲会赞助了10万元以表支持，并且参与了该书的编辑。这本书不仅梳理了历朝历代郑氏家族的家风家训内容，也摘选了很多历史中其他家族的优秀的家风文化，我觉得社会价值非常高。在家风家训的传承中，除了父母的言传身教，文字的记录也是很重要的。这样可以让族人更翔实、更系统地了解家族文化的发展过程，从而推动家风的传播和推广，让包括青少年在内的更多年轻人，从小树立正确的世界观、人生观和价值观，无论为人处世，还是齐家守业，都能有指导纲领。"

在郑希远看来，优良的家风传承影响着家族的昌盛，而家族的昌盛也将成为榜样的力量影响社会上更多的人。"家道正，则天下定"，家是最小国，国是千万家。家训还包含了"治国、平天下"的爱国主义思想内容。郑氏家风里倡导的"尊长爱幼、勤俭和顺、读书巡礼、廉政为官、爱国主义"等优良传统，是非常值得今人继承和发扬的。

郑希远热衷于郑氏文化和源流的探索研究，特别是郑氏先祖在政治、经济、军事、历史、文学、艺术等领域产生的影响，以及为中华文明乃至世界文明做出的贡献。为了考证郑氏渊源，联络宗亲感情，弘扬郑文化，发掘、整理、光大民族英雄郑成功的英雄事迹及其精神，他不辞辛劳，多方奔走，先后拜访了福建本省及全国各地的郑氏宗亲，广泛听取教授、专家、德高望重的老前辈和老干部、企业界精英、热心宗亲的意见建议，并于2011年8月13日召开厦门郑氏宗亲联谊会成立大会，并担任厦门市姓氏源流研究会郑氏委员会创会会长。

"我认为，摆在家风建设第一位的，是要'爱国'。只有国家安定昌盛了，才有我们小家的幸福安康。这也是郑氏家风里摆在第一位的关键词。可以说，家风家训仿佛已经天然与我们老郑家的人融合在一起了，已经成为郑氏族人血脉里亘古不变的精神。历代郑氏祖先不仅用文字记载家风家训，更用实际行动践行着这些优良的美德和传统。郑成功就是其中一个典范，是我们郑氏家族一颗耀眼的明珠。"

我是郑成功的粉丝，传播郑成功精神是我义不容辞的责任和义务

"2013年，相关部门打电话给我，说厦门市郑成功研究会三年没有年检了，如果再没有合适的人接手，可能面临被注销的结果。非常可惜。作为老郑家的人，我认为我有责任和义务接下这个任务。用我们闽南话讲，'我们输人不输阵'，无论多难，一定不能失了该有的担当。"

"那时我本来已经做好退休打算，计划和朋友买一辆房车去周游世界，四处走走，享受下退休生活的。可是，应了这个事后，我把我的'诗和远方'都放下了。这十多年，我只做一件事，那就是郑氏文化和郑成功精神的推广。"

郑希远临危受命，承担起了厦门市郑成功研究会，这一接就干了两届。在投身郑氏家族的文化推广的事业过程中，郑希远一直身体力行推动着郑氏家风家训文化建设和郑成功文化的传承和发展。他摸索并拓展出一条郑成功文化研究、开台圣王民俗信仰和姓氏源流郑氏宗亲"三位一体"的对台工作新路子，对于推广和传播郑成功精神、郑氏家风文化起了功不可没的推动作用。

郑希远出任厦门郑成功研究会会长后，着手招兵买马，壮大、发展研究会，努力打开工作新局面，团结和联络了一大批研究郑成功的专家学者及热心人士，积极开展工作。在推动深入开展郑成功研究，促进海峡两岸和国内外郑成功学术文化研究交流，促进祖国统一大业，宣传、弘扬郑成功爱国主义精神等方面做了诸多工作，取得了显著成效。

"值得骄傲的是，厦门市郑成功研究会是开展郑成功研

究历史最长且研究力量最强的研究会。直到现在，全世界的郑成功研究组织还得以厦门郑成功研究会为马首是瞻。我们的学术委员会里有著名的历史学家，是这方面领域泰斗级的学者，对于郑成功历史和文化的研究非常深入，所以每年发表的论文很多。"

"我担任研究会会长期间，有人好奇地问我：'你是郑成功的第几代孙？'我和他说，我就是郑成功的粉丝。郑成功是民族英雄，是我们的祖先，更是我们学习的榜样。我们作为郑成功的后代，没有享受他名誉的权利，而应该做更多有利于郑成功精神传播和郑成功文化推动的事，这才是老郑家人该做的事。"

"我愿意拿出资金、投入时间和精力做这份事业，因为这是我作为老郑家的子孙义不容辞的担当。无论做企业、做人还是做文化，责任和担当都是很重要的。此外，我认为这也是在做功德。让优良的文化和榜样的精神传播得更广一点，哪怕只是多影响一个人，我也觉得自己的努力是值得的。如果用一种做功德和公益的心态来做事，内心就会更加平和，遇到困难也不会轻易放弃。我也一直这样鼓励自己。"

郑成功文化，是近代中华民族传统文化的一个瑰宝。郑成功不光是一位民族英雄，更是一种信仰的力量。社会的发展、民族的发展离不开高尚的信仰。

"郑成功的精神是立体的，有家国情怀，有忠信礼仪。郑成功精神又是两岸民间的一个共同信仰。这种民间的共同信仰，可以在两岸间搭起一座包含大家共同的文化基因的桥梁。'爱国、忠孝'这四个字是我最为认可和崇尚的郑成功精神。我们现在尊崇民族英雄郑成功，弘扬和传承郑成功文化，就是要全方位宣扬这种文化和精神力量。"

郑希远为郑成功文化的建设不遗余力。他全力推动了郑成功爱国主义文化园建设，曾分别向厦门市、思明区政协提交了《关于郑成功纪念馆择地重建的建议》和《关于引进郑成功纪念馆在我区重建的建议》，在社会上引起较大反响和重视，得到国内多家媒体关注报道。提案同时得到厦门市思明区政府和有关部门的重视，原厦门市文化广播电视新闻出版局牵头相关单位和部门专门召开提案办公会议，研究落实提案建议。

在担任厦门市延平郡王祠管委会主委期间，郑希远格外重视延平郡王祠的建设和发展。

"厦门市延平郡王祠已经成功申报了国家'非遗'，现在我们准备把厦门鸿山延平公园打造成国家级对台交流基地，为国人，特别是青少年，打造一个爱国主义教育基地和研学基地，共同学习郑成功的爱国主义精神。该项目正在推进中，现在硬件设施还很缺乏，我们还有很多工作要做。"

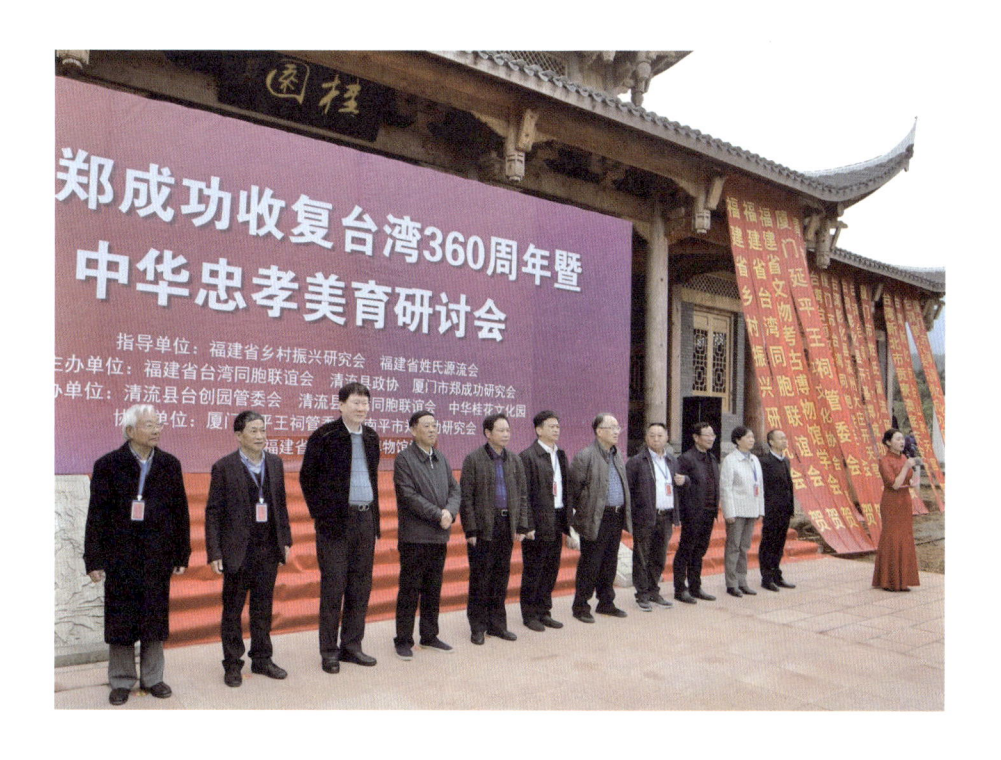

此外，自2009年开始举办的郑成功文化节，到现在已经办了十四届，郑希远也担任了十届的主祭。

"作为一种文化推广，有影响力的活动内容和仪式感非常重要。郑成功文化节是全世界郑成功的粉丝都很关注的有影响力的大型活动。2022年是郑成功收复台湾360周年纪念年，我们刚举办完'2022海峡两岸（厦门）纪念郑成功收复台湾360周年论坛'，影响非常大。2023年，我们计划举办一个世界级的郑成功文化活动，把有关郑成功文化和精神的书法、绘画、摄影、戏曲等作品做成系列综合文化艺术展览。"

随着社会的高速发展，一些传统文化和富有仪式感的东西似乎丢了。这对于文化的传承是不利的。

"我认为仪式感是非常重要的，为什么呢？任何内在的东西一定要通过外在的形式来表现，对吧？比如传统文化、家风文化，这些文化的精髓，如果只有文字的承载，是不够鲜活的。好的内容需要用有仪式感的形式来表现、来体现、来铭记这种力量。再比如郑成功文化节的仪式，作为一种有群体认同感的群众活动，非常需要仪式感。"

"仪式可以根据时代的变化而变化，不是一成不变的。比如祭祀时，有没有礼服？有没有祭文？有没有仪仗？是简单的还是隆重繁杂的？这些都有不同的形式。按照传统流程，每一次活动都有一个程序。对于文化推广而言，我认为内容和形式同样重要。"

在推广和传播郑成功文化中，郑希远有诸多心得和感悟。他认为文化的传承重点在于对年轻人的影响。为了让新时代的年轻人更好地了解郑成功文化，郑希远和厦门市郑成功研究会做了很多工作。

"我们现在推广郑成功精神和文化，不能仅靠原先的'陈词滥调'。要与时俱进，要结合现代年轻人容易接受的内容和形式，比如声光影效果、创意市集、潮玩、IP打造等。我们希望通过各种各样新颖的形式真正地把郑成功的爱国主义精神和他的公益形象树立起来，灌输给年轻一代。通过年轻人喜闻乐见和易于接受的方式，让他们从了解郑成功到喜欢郑成功，到崇拜郑成功的爱国主义精神。"

"一个国家、一个民族没有英雄是不行的。我们中华民族的伟大复兴需要崇尚英雄的信仰。有信仰才有力量。我们现在推广和传播郑成功文化，就是要让更多青年人接受和了解这种文化，最终，这种了解形成的崇拜会转化成鼓舞他的一种精神力量或者说是信仰的力量。只有内驱力的推动力，文化传承才能够做好。"

"路漫漫其修远兮，吾将上下而求索"

中华文明世世代代薪火相传，从未间断。对于郑希远来说，他一生铭刻于心的，莫过于郑氏的家规祖训及先辈郑成功的爱国主义精神，"爱国、忠孝、包容、诚信"深深埋藏在他的心底，并融入流淌的血液。他立志要将郑成功文化发扬光大，为祖国统一大业贡献自己的力量。他坚守家风文化传承的背后，影响他的正是"郑氏家风"。

"我的父辈受恩于家族，我的成长受郑成功精神的引领。郑氏家族的家风文化和郑成功的精神深深影响着我。作为郑家人，郑姓赋予我的使命，是鞭策我前行的动力。余生，我最大的事业就是竭尽所能弘扬郑氏家风家训和郑成功精神。希望通过我的绵薄之力，让这份光亮照亮更多子孙，影响更多人。"

"路漫漫其修远，吾将上下而求索。"家风文化和爱国主义精神往往在文化长河里融合在一起。有国才有家，家好国安定。也希望郑氏家族的优良家风和郑成功的爱国主义精神能唤醒更多同行的力量。

我们一路果敢前行，奔赴星辰大海。

李瑞河：
"志在茗风缔大同"

□ 谈一海

【人物名片】

李瑞河，祖籍福建漳浦，1935年出生于台湾南投名间乡的茶农世家，世代种茶，到李瑞河已经是第七代了。

1953年，他和父亲李树木在高雄开设铭峰茶行。1956年，李瑞河入伍服役，三年后退伍，回到铭峰茶行协助父亲。1961年，李瑞河与蔡丽雅喜结良缘。夫妻俩在台南市开设第一家"天仁茗茶"门店，自始独立创业。同年，长子李国麟出生，两年后，生次子李家麟。

1971年，天仁首座制茶厂（台北厂）开工。此后数年，天仁发展进入快车道。1975年，天仁改组为天仁茶叶股份有限公司；1978年，天仁在台湾头份创建远东最大的现代化制茶厂。

1979年，开始进军海外市场，到1987年，天仁进入多元化经营，投资范围涉及茶艺中心、贸易、饭店、医药、医院等领域。其间的1980年，天仁总部迁至台北，三子李洛麟出生。

1988—1989年，成立关系企业天仁证券股份有限公司、天仁证券投资顾问有限公司、天信投资股份有限公司等企业，大举进军金融业。

1990年，爆发"天仁证券事件"。遽然一击，李瑞河几近破产。随后整整两年，他休养生息，韬光养晦，等待时机，东山再起。

1993年，李瑞河做出了人生中最重要的一次抉择——进军大陆，投资乡梓。在福建成立优山合作农场，设立天元制茶厂。随后，建立天福茶庄，成立漳浦天福食品开发有限公司以及厦门、北京、上海、潮汕诸分公司。李瑞河迎来事业的又一关键年——1997年。台湾天仁茗茶股票上柜交易；天福"813茶王"成为当年亚太经合会（APEC）大会指定纪念品。

1998年，李瑞河成立天福茶叶公司购地80亩，作为天福茗茶科技实验园；邀请林洋港先生为新设立的天仁食品开发有限公司开幕剪彩。

1999年，台湾天仁茗茶股票上市。美国ChaForTea总部设立，全面发展ChaForTea餐饮连锁系统。大陆"天福茗茶"直营连锁店达190家，从沿海大城市扩展到中西部地区。

2000年，世界最大的茶博物馆在漳浦奠基。李瑞河先生荣登人民日报社主办的《时代潮》月刊第五期封面，被列为"时代人物"——世界茶王。

2001年，天仁茗茶与日本寿贺喜屋集团签约，在日本发展"吃茶趣"连锁系统；参加上海APEC会议，提供"高山茶王""金玉满堂"等产品作为大会用茶及礼品。

2002年，天福茶博物院开幕。2003年，天福茶博物院获国家AAAA旅游景区称号；福建漳浦天福"唐山过台湾"石雕园开幕。2004年，首家海外连锁店在加拿大温哥华开幕；李瑞河荣获联合国第十六届国际科学与和平周"和平使者"称号。2006年，"天福茗茶"荣获中国驰名商标。2007年，天福茶学院创校典礼，同时举办漳浦国际茶壶茶文化节。2012年3月，"天福茗茶"直营连锁店达1234家。2019年12月16日，天福集团入选国家"农业产业化国家重点龙头企业名单"。2020年6月28日，天福集团入选"2020年福建省工业与信息化省级龙头企业名单"。

时至今天，李瑞河依然奋发勇为，与时俱进，引领"天福茗茶"阔步前行，迈向未来。

沿着沈海高速公路，在闽粤段福建省漳州地区的漳浦地界，有一个2000亩的"天福服务区"。崇山峻岭之间，一片建筑群赫然掩映于碧绿的茶园与奇异的巉岩之间。建筑群错落有致，规模宏大，俨然一座小城市。这就是"天福茗茶"的大本营。

这座"小城市"里，除了有综合服务区、"唐山过台湾"主题石雕园、闽台民俗馆、观光茶园、茶品研发加工区外，还有天福茶博物院和天福茶学院。

天福茶博物院创建于2000年初，2002年建成开院，总占地80亩，是目前世界上最大的茶博物馆，也是国家AAAA级旅游景区、首批全国农业旅游示范点。天福茶职业技术学院是世界第一所茶叶高等学府，产学研结合，目标是建成茶产业领域的"黄埔军校"。如今，天福茶学院早已升格为学科门类更为齐全的"漳州科技职业学院"。

2011年9月，天福茗茶登陆港交所，成为中国内地茶叶第一支"首发新股"。直营店数量以每3天1家的速度猛增，截至2018年仅国内连锁店就超过1400家。放眼全球，除了生产"立顿"的联合利华外，没有一家茶企可与之比肩。

人们不由得对这个茶叶王国的主人、"天福茗茶"的创始人和董事长、被赞誉为"世界茶王"的李瑞河，产生浓厚的兴趣。他是口含金钥匙出生的"富二代"吗？他是如何成就世界第一的？他创造如此巨大财富的同时是如何教诲自己家人的？

细细体会苦后回甘的滋味

1935年末，李瑞河出生在中国台湾中南部南投名间乡的松柏坑村。名间乡地处南投县与彰化县交界，是著名茶乡，全台湾五分之一的茶产量都出自这个乡。

李家在此聚族而居，二三十口人住在一间三合院里，以家庭为单位，一家一口灶，平时各自安排自己的三餐。三合院的屋顶铺着稻草与甘蔗叶，墙体泥砖用稻草、粗糠以及黄土搅拌而成，当地人叫作"土角厝"。

李家是茶农世家，三合院的右侧有一间"茶间仔"，是李家人用来烘茶、制茶的小房间，空气中弥漫着浓郁的茶香。离三合院不远的地方，是李家茶园。李瑞河从小浸润在这个环境中，逐渐熟悉了采茶、制茶和对茶的品鉴。

当时台湾北部的茶商坐拥地利，大量采购茶叶，再从淡水河出口到世界各地，赚得盆满钵满。然而中部的小茶农，远离北部的出口港，种出来的茶叶大都在中南部流通。李瑞河一家就是如此，茶叶只能就地卖给生活略好过他们的人家，年头忙到年尾，微薄的收入仅够维持日常生计，日子过得紧巴、清贫。

李瑞河的父亲叫作李树木。小学毕业后，曾受过日据时代两年高等专科的教育，相当于现在的初中学历。李瑞河幼时，李树木经亲友举荐，在名间乡的乡公所找到一份做会计的差事。李瑞河虽然没有读过商科，但他聪明且学习能力强，在工作中逐渐积累了一些实用的会计知识，学得一手熟练的算盘功夫。下班后，他还要下地，和妻子一起打点农田。不能不说，李瑞河对商业的敏感，对数字的敏感，很大程度来源于此。

李瑞河的外公是茶叶批发商，经常在乡间翻山越岭，走街串巷，甚至搭火车到南部卖茶叶。李瑞河说，那时候名间乡的人到南部卖茶的不多，他外公可能是第一个，名间乡出产的茶叶一度被称为"埔中茶"，就是被他外公卖出名号的。到了1974年，时任"台湾地区行政管理机构负责人"的蒋经国前往名间乡松柏坑，才把"埔中茶"取名为较为诗意的"松柏常青茶"。李瑞河的经商兴趣和后来的商业企图心，由此亦可见端倪。

李瑞河的母亲陈伴，则继承了外公的制茶手艺，擅长窨制花茶。南投当地产的花果，比如桂花、树兰、荔枝、凤梨、黄栀子花，经陈伴一双巧手，无不可以熏香入茶。观看母亲制作花茶，成了李瑞河童年时的一大乐趣。他静静地看母亲制作荔枝茶：先将荔枝剥壳去籽，拿来一个大大的竹笼，在里面铺上一层厚厚的茶叶，再铺上一层荔枝，一层一层，反复覆盖，然后静放几天，使之发酵，让茶叶完完全全吸收了荔枝的香味，最后才将茶叶烘干，这样荔枝茶就炼成了。

李瑞河回忆说："后来我出来创业，母亲常常提醒我，可以多放一些香花口味的茶。她的这个想法，让我不断尝试，做出的玫瑰花茶、桂花乌龙茶、玫瑰绿茶，都是年轻人比较能接受的口味。"

外公、父亲、母亲，这个典型的种茶人家以其手艺、劳作、耕耘的质朴、实诚和接"地气"，锻造着李瑞河的个性、品格以及后来不断延展的人生。正如李瑞河自己所说："我爱喝茶，不只爱喝芳香甘醇的好茶，偶尔也喝喝味道苦涩的茶，细细体会苦后回甘的滋味。"

当然，其中对李瑞河成长影响最大的还是父亲。在李瑞河童年的记忆中，父亲李树木永远不苟言笑，说一句就是一句。那是因为沉重的家庭负担早已转化为沉甸甸的责任和舍我其谁的担当。

李树木给人印象深刻的还数做事方式。家中茶园，田埂必须垒得直，茶树丛里必须寸草不生。李树木坚持认为只有田埂直了，才"好看"，而如果"草长得比茶树高，太丢脸了"。这种一丝不苟、一板一眼的态度，潜移默化地内化为李瑞河后来的做事原则。

李瑞河说："我父亲很懂得未雨绸缪，为未来打算。"虽然在乡公所做事的时间不过两三年，但李树木从这里学到了宝贵的会计知识。他常常将家里的各项开支做成一张表格，还附上预算清单，一笔一笔不厌其烦地讲给少年李瑞河听。年幼的李瑞河虽然听得囫囵吞枣，似懂非懂，但他细思后承认："我后来开始做生意很重视成本观念，和我父亲有很大的关系。

李瑞河初中毕业后就开始进入社会"讨生活"，从未系统学过企业管理。功成名就后，总有人好奇地问他是如何成为茶叶连锁企业的大老板的。李瑞河的回答是："在经营上我没有师傅。要算有的话，可以说我从我父亲身上学到很多。我父亲常教我做生意要控制成本，维持合理的利润，而早期一般经营茶行的人并没有这种观念。"

李树木对儿子的教育和培养，是自觉的，也是春风化雨式的。在李瑞河12岁那年，父亲教他驾驭牛车。山路崎岖，就像人生之路，坎坷不平。父子俩一起坐在牛车上，父亲手把手教儿子如何执鞭，如何保持平衡，如何控制方向。李瑞河战战兢兢，第一次感受到受宠若惊般的重视，也第一次感受到肩上有了沉甸甸的责任。

操劳一生的李树木，有一句常常挂在嘴边的话："家用长子，国用重臣。"他对尚小的李瑞河说，一个家庭的稳定和发展需要依靠长子，一个国家的长治久安需要那些真正有本事、有拳拳爱国之心的大臣。这八字箴言，烙印般刻在李瑞河的心上，时时刻刻警醒李瑞河身为长子不可让渡的人生责任。

多年以后，当过岛内"省主席"的台湾知名人士，也是李瑞河在政界的"知音"的林洋港，在一篇《有情·有义·有心人》的文字里对李瑞河总结道："他来自民间，受过贫贱饥寒之苦，使他比一般人更懂得体贴，更知道感恩，从来不追求奢侈的生活。"

要奋斗就会有牺牲

20世纪50年代，父亲李树木带着一家子在台湾冈山最繁华的闹市区租了一间狭长形的简陋临街店面，前店后家。这间所谓的"铭峰"茶店,既是门店、仓库,又是居家,空间拥挤、逼仄,夏天更是闷热得像个烤箱。从部队退伍回来的李瑞河,就这样跟着父亲,每天起早摸黑,四处跑业务。

父子的长相、个子都差不多,常常被人误认为是兄弟俩。

从十六岁到二十岁,李瑞河或骑车,或徒步,漫漫二三十万公里,春夏秋冬,风雨无阻,几乎跑遍了高雄、台南两地的山山水水。几乎每个乡镇的风土人情,李瑞河都能如数家珍。打虎亲兄弟,上阵父子兵,李树木的言传身教,让李瑞河迅速在商场上成熟起来。

时间来到1961年,"铭峰"茶店的业务稳定之后,李瑞河提出自立门户,去台南开创市场新空间。父亲李树木起初并不赞成,他认为台南茶店密集,竞争激烈甚至到了白热化的程度。李瑞河经过一番调查后,认为市郊尽管还没有茶叶店,但有钱的人少,买茶喝的人更少;台南尽管有十四家茶叶店,但是有钱人多,买茶叶喝的人也多。

李瑞河终于说服父亲,和新婚妻子蔡丽莉来到台南市西门路和民生路交会的一个黄金地段开办了自己的新字号——天仁茶行。就这样,26岁的李瑞河,年纪轻轻就当上了茶行老板。在那个时代,一般茶行大多是父传子、子传孙,当老爸60多岁想交棒时,儿子一般已经到了不惑之年。

创业初期很艰苦,李瑞河带着堂弟李正助在外面跑业务,一台摩托车,两人轮流骑。妻子蔡丽莉正怀着身孕,行走蹒跚,主要负责看店。李瑞河每天打足精神面对工作,他招呼客人的功夫一流,和陌生客人可以一见如故地聊半天。会说"汉语"是李瑞河的一大优势,又分辨得出南腔北调。遇到口音明显的外省老兵,蔡丽莉和李正助都没招,只好赶紧叫出李瑞河救急,他总能一听就懂,一聊就自来熟。

七个月后,蔡丽莉提早分娩了,是一对可爱的男双胞胎,但因为太过劳累,动了胎气,早产孩子显得瘦小和脆弱,像两只刚生下的小猫。孩子只能放在保温箱里养,不幸的是,其中一个起名"国仁"的孩子在保温箱里夭折了,另一个叫作"国麟"的孩子在保温箱里待了半年之久,才慢慢长成健康的样子。夫妻俩悲欣交集,化悲痛为力量,继续为新店和自己的"天仁"品牌奋斗。一年多之后,蔡丽莉再为李瑞河生下一个男孩,取名"家麟"。

孩子长大后,李瑞河不止一次对他们谆谆教导,讲自家的家史、奋斗史。每当公司开会,或者跟干部员工谈心,李瑞河也会绘声绘色地讲起自己的发迹故事来。

李瑞河每次不厌其烦地讲完自己的故事,都会进一步阐述自己讲故事的目的至少有三个层次:

第一层意思是讲猪狗易变,人头难顶。一个人一生下来,就有许多苦难在等待着我们,没有苦难的人生,也是平淡无味的人生。

第二层意思是讲自古英雄多磨难,松柏傲寒更青翠,梅花雪中吐芬芳。讲的都是一个意思——要成就一番大事业,不脱几层皮,不流几盆泪,不滴几滴血,不受几次胯下之辱,是很难成就的。毛主席讲得好,要奋斗就会有牺牲。

第三层意思是讲事在人为和成事在天的辩证关系。遇到困难和危机,不要等着上帝来给我们解决,要发挥主观能动性,挖掘自身潜能,顽强打拼,勇往直前。但有时很努力,还出现失败和再失败时,不要埋怨自己,只能怪自己的运势不好,也没碰到好时机。所以,努力是前提,听命是无奈;奋斗能扭转厄运,好运也能助奋斗;厄运不可怕,怕的是自己怨天尤人的悲观情绪。

李瑞河每次讲完都会强调:"你们在天福跟着我干,我希望你们都有作为。但要在天福出人头地,主要靠你们自己努力，我只能想办法给你们提供一个演戏的大舞台。"

每次，无论是孩子们，还是员工们，听了李瑞河教科书般的故事与点评，都若有所思，感悟出许多做人做事的真谛，都能从李瑞河曲折的经历和苦难的人生中学到许多经验教训，树立起积极向上的人生观。

李瑞河以简朴自励，平时家中三餐青菜豆腐汤，出门更是破旧的裕隆车简装代步。丝毫看不出是个身家上亿、肩挑多家大企业总裁。"牺牲享受，享受牺牲"是李瑞河总结自己的人生，用自己的语言表述出来的至理名言。他自己是按这句话践行的，也用这句话要求自己的家人。对于这句话，大儿子李国麟和二儿子李家麟深有感触。

国麟和家麟在高雄读小学，跟班里同学一起玩棒球时，大家都有手套，兄弟俩却没有，他们向父亲要钱想买一套。李瑞河对大儿子李国麟说："这钱是借给你们的，放学了，你们要到门市部去包茶叶，用劳动赚来的钱还。"

大儿子国麟白天读书，晚上去打工。二儿子家麟放学就去扛茶叶包，因为有呼吸道敏感的病，加上茶厂茶屑灰尘多，突然哗啦啦流起了鼻血。蔡丽莉看到儿子用纸团堵着流血的鼻孔，继续毫无怨言地扛茶叶包时，眼泪止不住流下来。

但两个儿子深知父亲的一片苦心。国麟说："父亲要让我们知道，享受牺牲换来的果实，才是最甜的。"

"重新出发十励"

1993年的春天，已是花甲之年的李瑞河，来到反复考察大陆后落定投资的原优山茶厂,毅然出资百分之五十一,投资七百万人民币进行改造升级,"鸟枪换炮"。原先的1200亩茶园、工厂设备以及一百多名的员工,一下子都压在了李瑞河身上。他给新公司起了一个吉祥的新名字——"天福",意在天赐洪福,大富大贵。李瑞河认为这是天赐良机,是人生又一次难得的创业机遇与生死抉择。他变卖自己在台湾所有的家产,交出了全部的身家性命,全身心投入,"不成功,便成仁",要么破釜沉舟,背水一战,东山再起;要么身败名裂,铩羽逃回台湾。

来大陆前,原本"天仁茗茶"经营良好,但经过"天仁证券"一役,李瑞河从巅峰跌入谷底,几近破产。

在大陆新设立的"天福茶园",一切从头开始。茶园没有宿舍,是临时搭建的行军铺,厕所架在一口鱼塘上,排泄物直接落进池塘喂鱼。电力供应不足,三天两头停电,电视只能收看中央一台,信号也不稳定,屏幕时不时画面闪烁重叠,或者声音失真。山里蚊子多得像战争片里的空袭,夏天气温高达三十八九摄氏度,有时超过四十摄氏度,热得像烤地瓜。台风天最吓人,电闪雷鸣,风雨交加,茶园被冲击得百孔千疮,一片狼藉。更要命的是,一百多号本地员工,都是凭力气,凭经验,凭以往传统制茶,需要李瑞河进行大量的沟通、交流和培训。

面对重重困难与压力,李瑞河付出了常人所难以想象的努力和代价。1993年2月1日,他一个人静默在办公室里,毅然写下"重新出发十励",以此激励自己继续砥砺深耕、笃行致远:

一、脱去受创伤的老皮,今天是我新生命的开始。

二、没有时间去恨,只有时间去爱天下的一切事物,从今天起,要用内心的爱去迎接每一天。

三、不依赖明天，也不怀念昨天，我的时间只有今天，今天的每一分钟都要。

四、我要为这一天、这一周、这一年确立目标，用最大的毅力和智能创造生命一百倍的价值。

五、发挥美德，奋斗不懈，引燃天赋的潜能，开创不凡的胜利，莫忘我是造物者的奇迹。

六、我要坚韧不拔地尝试、再尝试，像头猛狮，勇往直前直到成功。

七、情绪像潮汐，我是强者，我要驾驭情绪，做一个了不起的主人。

八、笑是天赐的恩物，我要用笑来迎接天下人，用笑来迎接天下物。

九、成功不会等待，我现在就要起而行动，我要指挥，我要跟从自己的命令，走向成功。

十、祈求我永远做个谦恭的人，从失败中种下成功的种子。长久记住，真正的伟大是单纯的，真正的智能是坦诚的，真正的力量是谦和的。

一直对李瑞河青眼有加的林洋港，曾经这样评论他："在一个人成功时，我们看不出他的人格，只有他失败、有重大挫折时，从他如何善后，才看得出来。有的人在事业发生巨大亏额时，都是赖债不还，但他都是变卖所有财产，把债务一一偿还，把官司一件件解决，没有丝毫逃避。"

正所谓"吾志所向，一往无前，愈挫愈勇，再接再厉"，这正是闽南人"爱拼才会赢"的生命底色与人生底气。李瑞河用这"重新出发十励"要求自己，也用这"十励"鼓舞家人，尤其是家中的四个孩子，成为他们成长过程中做事做人、立身之本的家风家训。

管理别人不容易，但被人管理更要有艺术

20世纪50年代，二十岁的李瑞河接到台湾当局的入伍通知书。母亲心疼儿子，抹着泪说："瑞河是长子啊，生意做得好好的，却要去当兵，真是想不通啊。"李瑞河却安慰母亲说："儿子以后想办个大公司，但苦于不懂管理。军中的管理是严格的，我要管好别人，就得先让别人管管自己，才会感悟到管理者如何管理才得人心。"

李瑞河有一个观点："过去皇帝未登基之前，也要被皇帝老爷老娘及师爷教管。管理别人不容易，但被人管理更要有艺术，你若让人喜欢你，对你有好印象，人家自然会鼓励你，提拔你。"

李瑞河的这番言传身教，使公司管理者和被管理者都深受教育，管理者懂得管别人要换位思考，被管理者懂得绝对服从，就是领导管错了，也不能当面顶撞，只能事后解释，从而使公司"跨入"理解管理与被管理的最高人性化的境界。

李瑞河对别人是这样，对自己的孩子们也是这样。大儿子李国麟长大了，亲人们都建议让他当李瑞河的助手，为以后接班打好基础。可李瑞河却做出了让大儿子去当兵的决定。

李国麟入伍不久，就被分派到离大陆"英雄三岛"仅仅一千米的金门岛服役。李瑞河认为，到最艰苦的地方去当兵，才能让儿子学会被人管和管别人的"真经"。儿子离开台湾岛那天，父亲来到码头，站在一个高高的地方目送，就是不跟儿子打招呼。直到有人告诉李国麟，你父亲来送行了。儿子才环顾四方搜索，终于发现父亲站在一个高高的地方注视他。

"父亲点点头，挥手向我告别。事后，父亲的朋友告诉

我，他那天口袋里装了不少钱，准备送给我零花。可转念之间，他又打消了这个念头，认为那样会惯坏我，不懂得别人管。"很多年以后，李国麟说起这件事，当年情景，依然深深刻印在脑海。

二儿子李家麟刚念完高中，也被李瑞河送去"被人管"。军队是个大熔炉，钢铁般的军纪重铸着一个人的基本秉性。

两个儿子接受了两到三年的"军事化"管理，后来出来协助父亲李瑞河做他的左膀右臂，自然深得其中精髓，无论做什么事情都默契、融通而高效。

大儿子李国麟平时和员工笑脸相与，打成一片，但到关键时刻原则问题绝不退让一步，但员工们都感觉他是个可亲可敬的总经理，愿意为他卖命干活。

二儿子李家麟一脸严肃相，日常管理一丝不苟，员工在他面前都毕恭毕敬，全力配合。但他其实是外冷内热的人，什么事都看在眼里，心中有数，只要哪个员工头痛感冒或者精神不振，他关怀备至，让人如遇春风。

熟悉李瑞河的人都说，李董事长教育孩子有原则、有方法、有决断，有一套自李树木开始就一脉相承的家风家法。

茶是和平的饮料

中国人讲日常，讲文化。日常，是实用精神；文化，是尊重文字和传统。

李瑞河学生时代经历了从日据时代到台湾"光复"，所以除了汉语，他还会说日语。他在学校的功课很好，成绩在班上数一数二。但和当时很多台湾农村孩子一样，李瑞河在农忙的时候要给家里帮忙，没办法去上学。

考上竹山初中后，为了节省食宿费用，开学第一年，李瑞河借住在竹山的舅舅家。开学第二年，李瑞河才搬到学校的宿舍，却常常交不起住宿费。初中毕业后，为尽快帮家里摆脱贫困，学习成绩一向良好的李瑞河决定接受弓鞋小学的聘任，回母校当代课老师。那年，他才16岁。

三年后，出于清寒家境的实际情况，李瑞河辞去教职，和父亲去高雄开设铭峰茶行。他后来也为自己未能接受更高的教育而遗憾，但经营茶事业后，他一直没有废弃笔墨，无论是写文字，还是算算数，都游刃有余。"在南部的茶叶界内，初中毕业已经是最高学历了。"李瑞河说，"而且我受过汉语的教育，会说汉语，可以做外省人的生意。"他有时认为："学问够用就好。"

其实，和李瑞河所受的学校教育相比，对他影响更大的是"社会大学"。在社会这所大学校里，李瑞河自认为学到得更多。甚至包括观看布袋戏，上"暗学仔"。布袋戏里有中国历史和古典诗词。李瑞河不无感触地说："有人很好奇，我书读得不多，怎么知道那么多古话和俚语？其实有很多都是我从布袋戏里学来的。"

闽南语暗藏传统中国文化的诸多信息。这些方言俚语就像一座古老的宝藏，李瑞河在台湾四五十年都没有机会用，因为说出口也没有几个人能懂。直到去福建开拓事业，由于当地的闽南话还保留着许多古老的词汇，他才发现自己遇上了知音。

李瑞河的堂伯父是一位业余的"国学"老师，会在晚上的自家关门开课，称为"暗学仔"。暗学仔的学费很便宜，是识字不多的乡里人接受教育的通道之一。李瑞河在堂伯父的影响下，也上"暗学仔"，听老师逐字逐句讲解《三字经》《弟子规》等经典。一群孩子跟着老人家，读诵吟咏，摇头晃脑，其乐融融。

暗学仔的教育不仅让李瑞河感知到传统儒家的礼义廉耻等道德律令，也帮助他进一步学习汉语。他说："我长期吸收这些东西，识字比较多，使得我的汉语程度比较好。"

自己的事业稳定后，李瑞河对几个孩子的教育有了更高的要求。他认为，孩子们不能走自己的老路，必须接受系统的正规教育，以后才能接好自己的班，让企业发展不断上层楼，永续经营。而由于李瑞河在茶产业和茶文化方面的成就，自己被包括美国林肯大学等多所大学颁予名誉博士。

事实上，李瑞河的汉语水平比一般人都好，看过他偶尔为之的诗词就知道，他经营企业时对传统的感悟和运用就是印证。他是活学活用，像海绵一样，他从未停过止对中国文化的兴趣和学习。在长期的经营中，他也有意识地将中国文化融合进去，助力自己的事业发展。

早年在台湾经营"天仁茶叶"时，他就把中国人"以茶会友"的待人之道发挥到了极致。他专门在茶园里设置一间"会贤厅"，空间布置和摆件都是中国古风，屏风、浮雕木质门、大理石茶座，茶师身着汉唐装，为每一位来宾讲解茶文化，表现茶道茶艺，讲解茶的前世今生。宾客至此，品茶之余，更是在细细品味数千年的中华民族茶文化。

茶，不仅可以用来解渴，而且是中国人的日常生活开门七件事——"柴、米、油、盐、酱、醋、茶"之一。对于传统中国士大夫，茶更是一种寄托情怀的雅事。

但数百年来，大多数中国人对茶的态度趋于实用主义，对于茶文化深层次的探索反而不如邻近的日本人，后者的"茶道"在国际上大行其道。

李瑞河为之痛心不已，他在台湾创立了陆羽茶艺中心、天仁茶艺文化基金会，推广茶道，弘扬祖国的茶文化，多次率领台湾茶艺访问团到祖国大陆巡回交流，开创了两岸茶文化交流的先河。

在福建，他创立天福茶博物院，挖掘、整理、展现中华五千年茶文化，多次举办大型的中日韩国际茶文化交流活动。大陆天福集团所生产的茶叶两次作为"亚太经合高峰会"指定饮料和赠送给与会国家元首的纪念品，把代表中国传统文化的茶叶作为和平的饮料推向国际舞台。

有人说："茶道，乃小道，亦有大道。"一小片绿色的茶叶里，蕴涵着大道理。李瑞河常说："茶是和平的饮料。"把我们每天举至嘴边解渴或细品的茶，与人间安定，与世界和平，相结合。这句话，在今天这个急剧变化的大时代，更加振聋发聩。

"他从事的茶事业是和平的事业，他是一位热爱和平的人，我甚为赞同。"原台盟中央主席张克辉盛赞李瑞河"把代表中国传统文化的茶叶作为和平的饮料推向国际舞台，为中国传统产业赢得了荣誉，是两岸茶叶界的光荣，更是全体中国人的骄傲"。

李瑞河写过一首《沁园春·梁峰抒怀》，激情澎湃，风起云涌，古今中外意境全开，从这些文字就可以看出他的志向、气度、境界，以及他的人格力量和家风传承的文化底蕴。

伟哉梁峰，绵延天边，出没云间。看雾里烟外，绿意盎然；清风拂处，灵芽吐香。细雨飘时，万山酥润，洗却轻尘露玉身。春雷过，待纤纤摘取，人间仙英。

荈诧传数千年，有多少羽客垂汗青。叹著经陆子，论茗纸上，狂歌卢氏，枉怜苍生。逝者匆匆，老骥伏枥，志在茗风缔大同。放眼望，想古今中外，神与争锋？

卢绍基：
挚爱故土的赤子心，永不停止的追梦人
——家风是那颗让我向阳而生的种子

□ 罗罗

【人物名片】

卢绍基，1963年生，祖籍福建永定，客家人。现任厦门塔斯曼生物工程有限公司董事长，中国中药协会石斛专业委员会副主任委员，福建省中药材产业协会石斛专业分会会长。历任新西兰福建商会副会长、新西兰福建同乡会副会长、新西兰厦门商会联谊会名誉会长、新西兰福建农林大学校友会副会长、新西兰闽西同乡会会长、福建省野生动植物保护协会副会长、福建省侨商协会副会长等职。

1983年，毕业于福建农林大学，为响应国家号召，前往基层——永定县农科所，从事农业科研工作。

1990年，赴新西兰，在新西兰留学、定居二十多年，成为一名农业科学家。

2010年，凭着浓厚的爱国爱乡的情怀，以及为祖国开创高科技农业、为社会创造价值的使命担当，卢绍基放弃国外优裕的生活，带着世界最先进、最前沿的农业科学技术回国创业，投身周期长、风险大、要求高、困难多的中药材与农业产业，开启了厦门塔斯曼精彩纷呈的事业航程。

在卢绍基的带领下，厦门塔斯曼生物工程有限公司坚持科技创新，持续发展，目前已在全国40多个省市拥有铁皮石斛、印度神木、圣约翰草等珍稀中药材基地，面积达4000余亩，并先后成立了中国南方珍稀药用植物应用研究院和"福建省金线莲、铁皮石斛基因库"等研发机构。塔斯曼科技园被福建省农业农村厅认定为"2013年农业物联网应用示范（实验）点"，并建有省、市两级院士专家工作站，多次获得各级科技进步奖，拥有自主专利100余项，并致力推动中医药事业方面的"中国标准""立法"工作，已完成《中国药用石斛标准》《福建省铁皮石斛花、叶食品安全地方标准》制定，将继续为中草药《食品安全地方标准》的立法工作服务，积极助力我国大健康产业的长远发展。

20世纪80年代大学毕业、90年代初出国留学，21世纪回国创业，卢绍基的成长经历不仅充满让人羡慕的光环，也充满着令人好奇的转折。一次次放弃安逸的生活，永不停歇地追求，他追求的到底是什么？让我们一起走进卢绍基光荣与梦想、希望与挑战背后澎湃激昂的成长经历，走进他深植心底的梦想追求和家国情怀，一窥他求学和创业背后的家风故事。

"根之深者枝自繁,源之远者流必长"

永定卢氏是"范阳卢氏"后裔,"根之深者枝自繁,源之远者流必长"。卢氏精神以卢氏文化为基础,以中国传统家族观念为思想,是在中国优秀传统文化的框架之下衍生的优秀家风家俗以及历代卢氏英杰所倡导、展现的"厚德载物、自强不息"的族群精神和风貌,其精髓是以无息无止的血缘传承为依托,融通了中华民族光烂文明的族群灵魂。

"卢姓自古就是中华的一支名门望族。我们的祖训是'勤劳置业,勤俭持家,勤奋学习,勤恤行善'。我出生在福建龙岩永定，是客家人。我们家族一直坚守'尊祖敬宗、耕读传家、开拓进取、兴家报国'的客家精神。"

"我们卢氏家训强调敦孝悌、笃宗族、和乡党、重农桑、尚节俭、崇正学。教育后人要孝敬父母、和睦乡邻、勤俭耕读、明礼诚信、知法守法。"

先人的教诲虽然无形，但价值无可估量，是家族里最宝贵的财富！正是卢氏家训和客家精神，对卢绍基的成长起着潜移默化的作用。

"客家人非常重视人伦关系，强调百善孝为先。具体地说，家里每个人要做到'孝悌'，就是要孝敬老人长辈，兄弟之间要友爱协作。我的父亲一直和我强调这一点，他总说家庭关系和谐是兴家旺业、社会和谐的基础。在我们老家，有一座客家家训馆，创立于2014年6月，位于永定洪坑土楼民俗文化村庆成楼内。我回老家时，都会带着朋友一起到那走走看看。客家人的家规家训内容厚重，秉持中华文化的伦理道德观念，文化底蕴深邃，寄托着土楼客家祖先的信仰和憧憬，更激励着我们客家后人弘扬祖德、振奋家声。这些家风家训都是我们土楼客家人立身、处世、创业、治家的座右铭。"

"家乡的山水不仅养育了我，更夯实了我人生之根本。当年乡亲们的生活虽然贫苦，但是十分勤俭质朴，身上印刻着客家人互助互爱的传统美德。1990年，我申请到了去新西兰留学的名额，成为龙岩改革开放后较早的出国留学生。在乡亲的帮助下，我带着东拼西凑的不足一百美元，远赴新西兰。非常感谢乡亲们当年对我的帮助。"

文化的力量是大道至简，无形而有力。卢氏家训和客家精神是卢绍基的寻梦之根，二者对他而言如同故乡的土地一般厚重。

"忠厚传家久，诗书继世长"

问起家里对他影响最大的人是谁，卢绍基提到了自己年迈慈祥的老父母。

"父母对我影响很大。我们客家人重视言传身教。虽然由于时代的不同，我的父母没什么文化，但是他们用言行举止影响着我，告诉我很多做人做事的道理。我的父亲是老红军，战争结束后回归家乡。父亲从小教育我要'尊老爱幼、帮扶邻里'。我记得小时候，家家户户都缺粮食，我家也一样，很困难。有时，邻居家没有米了，会来我家借米，事实上家里也没有富余的粮食，但是父亲仍然把米缸里最后一点大米借给邻居，我们自己只能吃地瓜。父亲说，家家都不容易，邻居上门来借米一定是实在揭不开锅，没办法了，我们虽然困难，也要想办法给予帮助，急人之所急。"

"还有我的母亲，是一位非常善良和勤恳的传统客家女性。有件事我印象很深。小时候，我们家总有好多同村的孩子，他们不是我们家的亲戚，但是他们都爱到我家来。因为我的母亲会收留他们在家里吃饭睡觉。这些孩子有的父母早逝，有的没有妈妈，在自己家里得不到照顾。有七八个孩子都是这样在我家长大成人直到娶妻、出嫁。"

"母亲经常教育我做人要勤恳善良、先人后己、不求回报。比如邻居和我家种的茄子都熟了，母亲让我哥哥去街上卖，邻居家没有男孩子，女孩子还小，于是托我们卖的时候帮他们家的一起卖了。我哥哥总是把邻居家的茄子卖光了再卖自己家的。当他把邻居家的茄子卖完时，集市也快散了，所以经常自己家的茄子卖不完，剩下不少。哥哥担心母亲会骂他，但是母亲从来没有责怪哥哥，反而表扬他先人后己的做法是对的。"

"我们客家人的家训里有句话叫'忠厚传家久，诗书继世长'。这句话不仅刻在祖庙祠堂的楹联上，也刻在每一位客家人的心里。做人要勤恳、忠厚、善良，要多读书、多思考，我认为，这就是最朴实也最深邃的家风文化。"

脚下有地，心中有梦，目中有光

卢绍基个性独立，从小就特别能吃苦。看到大人在地里种庄稼，小小年纪的他也学着在田间地头的角落种起各种菜苗，因发现朝天椒在市场上卖得很好，他建议大面积种植朝天椒。照着他的思路，乡亲们的日子过得一天比一天好。也因这个原因，卢绍基培育出了最早的商业理念。

"我们祖祖辈辈都是农民，对土地有着非常深厚的感情。勤劳肯干似乎是每一个客家孩子与生俱来的特质。因为贫穷，大家通过努力的劳作维持生活。同时受耕读传家思想的影响，客家人很重视教育，即使家里再困难，也坚持送孩子去读书。儿时的成长环境让我对土地有着深厚的不可分割的情感。所以，我高中毕业，很自然地选择学农并考上了农林大学，从此与种植业结下了不解之缘。但是中国的农业和种植业过于传统，缺乏先进的管理模式和农业科技创新技术，虽然老百姓很勤劳、不惜力，但是如果传统农业'靠天吃饭'的困境得不到改善，意味着你努力劳动了也不一定有好的收成。农民真的太不容易了。我总是在想，我们除了勤恳之外，是否有通过新思维和更先进的技术提高劳作的价值，让大家过上更好生活的办法？为了学习国际先进的农业发展模式和更多新技术，我想出去看看。只有学到先进农业新技术，才能真正帮助家乡。"

1990年，卢绍基远赴新西兰攻读生物技术专业。勤奋好学的他毕业后，很快就在新西兰一家生物科技公司找到了工作，成为一名技术骨干。

"在国外，虽然生活优渥，但是我的心里无时无刻不在牵挂故土，学习农业和走出国门的初心也时刻呼唤着我。在经过多年的学习和工作，我决定回国创业，希望能用自己的专业知识和在国外学习到的新模式及新技术回馈乡梓。"

这么多年，在研究农林作物的同时，卢绍基致力于中药材的研发。作为中华文明瑰宝之一的中药，由于农药残留、品质不佳、作用机理模糊、炮制方法不严谨、难以量化和标准化等原因，在国际市场的占有率逐渐减少，更有许多珍稀名贵中药濒临灭绝。

作为中华儿女和农业科学家的卢绍基对这种情况感到了深深的忧虑，一种使命感油然而生，他决心要好好挖掘中药材的优良品种，将其产业化，让中药真正走向世界。

卢绍基通过对《药典》中排名第一的铁皮石斛深入研究，惊喜地发现它有许多神奇的保健功效，大大超过其他国内外草药，他称之为"中华仙草"。卢绍基心想，既然铁皮石斛具有滋养阴津、降低血糖、抑制肿瘤、延年益寿等诸多功效，为什么不把这个产业做大，让铁皮石斛造福全人类呢？至此，一颗梦想的种子在卢绍基的心里发芽了。

创新是一个企业发展的灵魂，对于中药材企业来说更是如此。在对铁皮石斛的研发中，卢绍基运用了多年来在新西兰从事生物育种工作所掌握的先进技术，下功夫进行克隆组织培养。在他坚持不懈的努力下，新品开发取得成功，并成功申请了三十余项自主专利。在卢绍基的推动下，福建省正式启动铁皮石斛种业创新与产业化示范推广项目，在全国这个类目发展中"后来居上"。

"这十年来，经过不懈努力，我们取得了一些成绩，但是还远远不够。我们无价的中医药传统文化博大精深，在这片神奇的土地上，我们可以做更多事情。'好风凭借力'，我们有底蕴，有基础，需要的是不断创新和发展，需要先进的科技作为腾飞的翅膀。虽然个体的力量很小，但是我希望能尽己所能加快融合创新、努力展现作为。"

"我的父亲曾告诉我，做事要有客家人特有的气魄与胆识。"这句话时常在我的脑海浮现，在创业过程中时刻鼓励着我。现在，塔斯曼在大力推动中药材的海外交流，开展多方面的国际商贸活动。通过与国内外企业、科研院校、国际组织合作，开展国际注册认证，提升产品质量和深度开发，推动珍贵中药材产品进入欧美等西方国家市场，开拓中药材外贸新路。我希望能通过自己的努力，让中草药之瑰宝铁皮石斛造福全人类，把"天下第一仙草"——石斛产业做大做强，沿着专业化、规模化、国际化的道路发展，走出国门、走向世界。

2018年9月，"厦门塔斯曼生物工程有限公司院士专家工作站"获批复成立。卢绍基表示，该工作站将竭力为厦门乡村振兴、产业融合创新、引领百姓共同富裕做好科技服务工作，积极为集美乃至厦门引进和培养高层次人才，开展高层次学术与技术交流活动提供服务。

"在发达国家，人们在一日三餐外，会选择补充食用一些纯天然产品，如鱼油、多维片等，防病于未然。但在中国，人们喜欢把钱存起来，等生了大病被迫开始大把用钱，且往往已经来不及了。这完全是因为理念不同所致的。我觉得国人应该有个改变，平时可以适当吃些强化机体功能的食品或产品来补充身体的需要。"卢绍基深有感慨地说。

"我相信在国家'一带一路'的建设中，中医药文化作为中华文明的重要组成部分，必将成为中华文明与世界人民沟通的桥梁。铁皮石斛作为中药上品，也将迎来宝贵的发展机遇并发挥自己独特的作用，沿着丝绸之路走向全世界。"

这是在卢绍基心中的梦想。

以心论道，以梦为马，厚积薄发

出国以后，卢绍基在刻苦钻研生物技术知识的同时，也关注着祖国家乡的建设和发展。他多次受到国家有关部门领导邀请，先后到龙岩、漳州等地投资开发新中园林，培育花卉种苗，产品畅销海内外，为当地新农村建设和经济发展作出了贡献。

"在新西兰，感受最深的还是文化的差异。比如西药和中药的区别。西药注重成分和机理，有标准。中药注重调理，没有标准。关于中药，外国人也不能理解，会一直问你：'药理是什么？成分是什么？机理是什么？配比多少？'而我们的传统中医没有这些数据，中医讲究的是'扶正祛邪、固本守正、祛湿补阳'。什么叫湿？什么叫邪？外国人不懂这些，他们讲究精准的数据和准确的分析。"

"这就是文化的差异。而我们的中药，比如铁皮石斛要走出国门，得到世界的认同，需要了解不同的文化差异，在走出去的过程中求同存异，达成共识。"

在新西兰学习和生活期间，卢绍基刻苦钻研，学习西方先进的管理经验和技术，积累了宝贵的现代农业生产发展经验，特别是新西兰的生态环保和食品安全意识，对卢绍基的影响尤为深远。

"国外先进的生物技术有很多值得我们借鉴的地方，比如他们很注重标准。所以制定标准也成为我们铁皮石斛产业能否发展壮大的影响因素之一。市场上之所以出现了不少假冒伪劣产品，是因为行业标准的不规范化，只有严格执行行业标准，才能杜绝这些假冒伪劣产品的出现，保证消费者的权益。我们在行业标准上做了严格执行,有力地避免市场上那些以次充好的中药材蒙蔽消费者的眼睛,让假冒伪劣产品无处遁形。"

"我们客家流传着一首童谣:'茶油煮菜一时香,松毛点火一时光,贪来钱财食唔落,唔当自家酸菜汤。'我的父亲曾经教育我,做事首先要对得起自己的良心,要光明磊落,内心坦荡。我觉得做企业和做人是同个道理,做人要善良忠厚才能无愧于天地,做企业要诚信真诚才能有所发展。这些优良品质是客家人的传统美德,祖祖辈辈留给我们的流淌在血液里的规矩。"

万事开头难,公司刚起步的时候只有卢绍基一个人,没有资金、没有场地、没有人才,时时困难,事事困难。但卢绍基通过不断地努力探索,使企业慢慢走上了正轨。或许梦想注定是拼搏的旅程吧。在中草药培育的过程中,有一次,一批中草药因为工作人员的小小失误而造成品质不佳,尽管这不影响中

草药后期的销售，但卢绍基依然坚决把它们全部销毁。

"中草药的品质必须全部达到优质，不能有丝毫将就。这和客家人诚信品质是一脉相承的。品质和标准是我们的起点，也是终点。看着大批的中草药被毁，我也很心疼，因为那代表着大家的辛苦、汗水和付出。但是，行业标准要坚决执行，否则就是自己打自己嘴巴。没有诚信和原则的行业和企业都是不长久的。这次的事件给塔斯曼的教训很深刻，之后，公司培育的中草药苗木再也没有出现类似的问题。"

经营公司，卢绍基注重以身作则，从科研到销售，很多事情都是亲力亲为，尤其销售环节，卢绍基会亲自过问各个销售分区。作为老板，卢绍基没有自己的办公室，哪里有问题需要解决，哪里就是卢绍基的办公室。无论员工何时离开公司，总能看到卢绍基的身影。一个人的精力是有限的，卢绍基却用这有限的精力创造了无限的可能。

"客家人的先人为了避难，从北方迁徙到南方，祖辈吃了很多苦。但是我们不怕吃苦，我们有着永不言败、永不服输的信念和倔劲。"

终于，凭借过人的眼光和智慧，凭借在生物技术和草药培育上的专业和权威，凭借全力以赴和上下一心的坚定信念，在卢绍基的带领下，厦门塔斯曼生物工程有限公司发展得越来越好。

恒者，事竟成也。以心论道，厚积薄发，万事又有何不破？

"走出国门，走向世界"是卢绍基对公司更上一层楼的目标，目前塔斯曼的铁皮石斛产品经过各种关卡的检疫检测，其各项指标均达到行业领先水平，并成功出口多国。当世界的眼光开始聚焦中草药、聚焦铁皮石斛时，卢绍基知道，他的梦想即将达成了，荣誉是努力的最好见证。

像海洋一样广阔，像大地一样深情

　　塔斯曼海是西南太平洋的边缘海，位于澳大利亚东南岸、塔斯马尼亚（西）和新西兰（东）之间。北与珊瑚海相连，西南以巴斯海峡（BassStrait）与印度洋相连，东有科克海峡（新西兰南、北岛之间）与太平洋相通。荷兰航海家亚伯·塔斯曼在1642年航行至这一海域，故得名。

　　"企业取名'塔斯曼'，因为我希望它能像塔斯曼这片海一样广阔深厚，寓意长久。企业要可持续发展是很不容易的，要像海洋一样，有着广阔的胸襟和远航的梦想。对于中药产业，除了要像海洋一样广阔外，更要有大地一般的深情。"

　　"铁皮石斛是历代宫廷贡品，被誉为'养生仙草''植物黄金'，名列中华九大仙草之首。然而，由于铁皮石斛繁殖能力低和人们过度挖采，导致其野生资源濒临灭绝，被列为三级保护中药材物种，列入《濒危野生动植物种国际贸易公约》（CITES）附录Ⅱ。'好药才有好医'，中药物种的保护对于中医药行业的发展至关重要，可以说是发展之根本。"

　　"我就是想把在国外所学的技术带回国，帮助中国传统农

业和中药行业做产业升级。我们不能再靠天吃饭，也不能眼巴巴看着老祖宗留给我们的好东西濒危和得不到发展。"在经过多方的考察、研究，卢绍基最终选择利用温室进行规模化培植铁皮石斛。培植种苗所用的温室集合了法国、荷兰、新西兰等国的世界一流先进农业技术，施肥、灌溉、风速、光照、温度、相对湿度等均由电脑实时监控。卢绍基还投建了塔斯曼科技园铁皮石斛科研培植基地。该基地占地160多亩，总投资1.7亿元人民币，拥有6000平方米的组培中心及15000平方米全国最高标准、单体面积最大的现代化智能温室。这一全国单体面积最大的智能化铁皮石斛温室可年产2亿株苗，年产值达1亿元人民币。

在他的带领下，塔斯曼经过多年的潜心开发，形成了齐全的系列产品：种苗有组培苗、驯化苗、盆栽苗；成品有铁皮石斛鲜品、枫斗、精粉、石斛提取物、花叶茶、养生茶、铁皮石斛胶囊、铁皮石斛麦片、铁皮石斛挂面、铁皮石斛糕和铁皮石斛保健香皂、铁皮石斛养生面膜、铁皮石斛牙膏等。巨大的半透明温室里，数千万株铁皮石斛种苗培育在透明瓶中，焕发出勃勃生机。

基于品质标准化、产业成熟化和产品系列化，塔斯曼成为全国首家经国家论证并成功向西方国家出口铁皮石斛的企业，成为石斛产业走出国门的开拓者。2015年至今出口创汇1200万美元，占厦门口岸中药材出口产值50%左右，成为石斛产业的开路先锋。

在卢绍基看来，要做现代农业，旅游也是发展重点。在塔斯曼公司的"千草园"里，千余种中草药在此一一展现，园内还有1000张科普展示牌和500米科普宣传长廊，对每种中草药的属性、药效、生长环境等方面都做了详细的介绍。

诺贝尔生理学或医学奖获得者屠呦呦的成功，更加坚定了卢绍基发展中草药事业的信心。

"塔斯曼的愿景是治未病，转中草药濒危物种为常规物种，继续为人类健康服务。我们将继续推动中草药事业，积极参加'一带一路'建设，不但要把铁皮石斛推向全球，还要让中医的瑰宝在国际舞台上发扬光大，推动中医药文化一脉相传。"

家风文化应根植传统，也面向发展

"虽然在文化和认知上，国内外有着差异，但是也有很多人类文明共通的地方。比如家庭教育，虽然中西方关于教育发展的阶段和理念不同，但是友爱、尊老、友善这些品质是相通的。国外也很崇尚友善助人、尊老爱幼，家人之间彼此尊重。"

因为在新西兰学习和生活多年，卢绍基多了一份对多元文化的理解和包容。

"我们中国人讲家文化，重视家庭伦理关系，每个姓氏都有自祖辈传下来的家风家训。这一点，我非常认同。随着时代的进步和发展、与世界各国文化的碰撞，我们也应该有新的视野和思维。我认为最好的家风是根植于中华优秀传统文化，取其精华，去其糟粕的同时，也能创新，就如同中医药文化一样。家风文化要深植传统的土壤，扎实稳定，又能与世界多元文化并进发展，大胆创新。""好的家风必然是适应世界和时代新趋势的。只有适应发展规律，才能得以传承和发展。我对自己的孩子也秉承着这样的教育理念。我的孩子们在国外生活过，他们对于国际化的教育不陌生。我时常和他们分享中国传统文化，希望孩子们不要忘记中国传统文化的精髓，比如祖辈留下的家风家训、中医药文化。希望他们能立足国际视野，学习和吸收更多先进的知识，回报祖国和家乡，能坚守诚信、勤勉、善良的做人底色，并积极努力，成为最好的自己和对社会有价值的人。"

"中国传统文化里有很多优秀的精髓，是老祖宗留给我们的宝贵的精神财富。我们必须传承并发扬下去。同时，优秀而有生命力的文化是要与时俱进，包容开放的。对于国际上一些先进的思想和理念，我认为也可以多借鉴和学习，然后形成更有内涵和张力、更具多元化和丰富性的家教文化体系。"

结 语

"也许成功的路有无数条，但通往成功的信念亘古不变——行动和坚持，不畏惧前方有多少风雨，既然心中有梦，那么脚下就是路。行动，就是对征服梦想最好的证明。"

在卢绍基企业文化的宣传片中，这句话尤为让人感动。一位挚爱故土的华侨，一位从客家走出国门的热血青年，一位为国家传统农业和中药产业革新发展而归国创业的企业家。

"大海很广阔，大地很深情。我是大地的孩子，家风文化就是那颗让我向阳而生的种子。我希望我的初心能在这片土地生根发芽，长出灿烂的花儿。"

在卢绍基身上，我们看到了"尊祖敬宗、耕读传家、开拓进取、兴家报国"的客家精神；看到了一个执着梦想、果敢前行的企业家的使命和担当；看到了一颗挚爱故土的赤子心和一个永不停止的追梦人！

刘国英：
瑶草芳华

□ 王坚

【主人公及其企业档案】

刘国英，祖籍浙江龙泉，毕业于福建农学院。正高级农艺师、茶叶加工高级技师，福建省茶业标准化委员会委员、武夷学院武夷茶学院校外副院长。

曾任福建省科技特派员、武夷山市首批科技特派员，获得南平市"明星科技特派员"称号。

现任武夷山市茶业同业公会党委书记、会长，首批国家级非物质文化遗产武夷岩茶（大红袍）制作技艺传承人，名列首批中国制茶大师、中国十佳匠心茶人。

著有《茶树杂交种金玫瑰在武夷山市区域试验报告》《武夷岩茶的栽培管理与加工制作》《武夷岩茶冲泡与品鉴方法》等。

2014年获"中华非物质文化遗产传承人薪传奖"，2016年被评为福建省第二批优秀人才"百人计划"技能大师，2018年获"福建省劳动模范"称号。

自1999年以来，坚持开展茶叶生产实用技术推广，在武夷山市天心村、星村镇、武夷街道等主要产茶乡镇定期举办武夷岩茶栽培管理和加工制作实用技术培训班，传授种茶、制茶技术。

2001年，发起和组织首届武夷山市民间斗茶赛，此后坚持每年举办。

2004年，带领茶农集资创办武夷山市岩上茶业科学研究所，开展福建省农科院茶叶研究所赋予的茶树新品种区试工作；成立"刘国英茶叶加工技能大师工作室"，推广乌龙茶早芽高香新品种和茶叶加工技术。

2017年，刘国英用好、用活"联学联建"工作机制，带领武夷山市茶业同业公会党委，指导茗川世府合作社党支部采取"党支部+合作社+茶农+互联网"运作模式，搭建产销一体化平台，致力于"帮老百姓卖茶，卖老百姓喝得起的放心茶"。与此同时，刘国英注重为传统岩茶产业注入文化内涵，他创制出的"空谷幽兰"等系列岩茶品种，广受海内外茶人喜爱。

> "相期拾瑶草，吞日月之光华，共轻举耳。"
>
> ——[汉]东方朔《与友人书》

> "王子吹笙鹅管长，呼龙耕烟种瑶草。"
>
> ——[唐]李贺《天上谣》
>
> ——题记

2022年初冬，武夷山市区一座丹桂飘香的庭院里，轻洒的雨点滴落在锦鲤游弋的荷塘，水面溅起圈圈涟漪。透过敞开的窗棂，身材瘦小的刘国英和两位年轻的同事，正在商讨即将来临的"茶王"赛事。和清幽娴静的环境构成极大反差的是，作为全国知名的茶业专家，刘国英给人的印象永远是步履匆匆，忙！

晚上七点，终于到了可以用餐的时间。刘国英开车来到一家临水的茶餐馆。灯火阑珊，流水潺潺，适合交谈和回忆。《民说·物记》中记载："茶在中华传统养生学、医药学中，均视为珍品，古来有瑶草之称。"一个以毕生心血"呼龙耕烟种瑶草"的茶人，有着怎样纯粹和丰富的瑶草芳华？

故乡飘来的那片云

刘国英的祖籍是浙江省龙泉市，龙泉宝剑和龙泉青瓷享誉海内外。可见大国工匠精神在这块土地上生生不息，流传已久。

"我的父母都是朴实的农民，对于他们而言，关注四时农事，日出而作，日落而息，用有限的生产资源维系家庭的温饱，是他们朴素的愿望。他们和中国的大多数父母一样，秉持耕读传家、与人为善等理念，希望家庭成员平安健康、儿女成人成才。但他们不会给儿女框定人生走向，规划远大的目标。在那个年代，自身的忙碌、现实的压力让他们自顾不暇。"纵然刘国英的父母并未拥有高学历，但他们本身就是一本无字的教材，让儿女去品味和仿效。

如果说故乡是一个无法割舍的精神家园，那异乡就是刘国英生存奋斗的现实跑道。他相信，生命的彩虹是靠自己营造的。年少的时候，或许未必能体会父母创业营生的艰辛，仿佛生活本身就应该是这样的沉重，但随着年岁渐长，刘国英发现肩上的担子不自觉地加重。看着父母逐渐老去，已经不再如儿时记忆中的强大，偶尔显露的脆弱让他心疼和不安。于是，他发奋攻读考取理想的大学，希望早日工作，帮助父母减轻生活压力。

"小时候曾经随父亲回过几次龙泉，印象最深的是在家族的祠堂里，宗族长老们续写家谱。祖宗神牌位前，焚香、敬香、叩拜，带着很隆重的仪式感。"那些先祖中的佼佼者，已被时间压缩成方块字，记录在厚厚的谱牒中。那是整个家族的荣耀，他们用自己的学识、著作和功名，标注了属于自己的生命高度。刘国英记得当时的自己拘谨地回应长辈的教诲，记得他们目光里真诚的叮咛：好好学习，做一个有所作为的人。

在他日后向着自己人生目标前进的途中，有一份源于故乡的信念牵引着他：生命之路要有青瓷一样的湿润和明亮，也要有宝剑一样的锐利和锋芒。"长大后才渐渐明白，我们像是从故乡飘来的一片云，停驻在异乡的天空中。飘飞的云朵时而怔忡不安，时而踌躇满志，似乎居无定所，又似乎四海为家。

寻找安身立命的生存本领，一步一个脚印走出自己的新天地，这是我们代代相传的祖训箴言。"刘国英不知道父母在艰辛忙碌、喜忧参半的日子里，是否最终活成了他们自己想要的模样。但是父母一生奔忙的身影，是他心里永远思念、尊敬的风景，他们生前的鞭策和希冀，就是他今生前进的无限动力。

理想在青青校园启航

1983—1987年，刘国英就读于福建农学院园艺系，主修茶叶专业。正值青年的他，在校园里一边学习，一边想象着自己的未来。"我们这一代人的成长环境和生活阅历告诉我们，只有学到了真本事，才能在将来的第一任职岗位出力，捧了'铁饭碗'，还得有真功夫。"

1987年，刚毕业的刘国英被分配到武夷镇九龙山茶场。1988年，他被任命为茶场场长。茶场实地是一片荒坡，几间干打垒土屋。

"我们对新茶园开发、栽培管理、岩茶粗精加工技术等方面，逐个进行研究、梳理。经过一段时间的对比实验，我发现九龙山毛茶质量不高，原因主要出在做青环节上。为了解决这个问题，我向院校的专家教授和民间的制茶高手请教，从规范使用综合摇青机、提高摇青工艺水平入手，在较短时间内解决了九龙山毛茶质量不高的难题。"

武夷山是自古有名的茶产区，种植岩茶有独特的地理环境优势。岩茶的制作在所有茶类中，算得上是工艺最复杂、流程最多的。说起岩茶的制作工艺，刘国英侃侃而谈。他介绍到，武夷岩茶的传统制作技艺纯靠手工，从茶叶采摘到成品历经十余道工序：萎凋、做青、杀青、揉捻、烘干、拣剔、烘焙……其中最为关键的工序有两道：初制做青工艺和精制烘焙工艺。

他解释道，岩茶香气的形成有多种因素，比如品种、气候、栽培管理措施，但主要取决于初制做青工艺。工艺做到位了，香气表现得更佳。同样的原料，不同的人做出来，香气也有所差异。烘焙火功的高低可以通过茶汤颜色判断。决定岩茶香型是花香、果香还是木质香，或者兼而有之，烘焙至关重要。岩茶的传统烘焙工艺纷繁复杂，无定法可循，全靠制茶师傅心口相传的经验，这正是烘焙工艺的难点所在。而烘焙技艺中最难的要数炭焙工艺。炭焙茶是焙茶的最高技术，采用炭焙、炖火才能达到武夷岩茶"活、甘、清、香"的独特品质。好的岩茶由于烘焙火点、时间、温度不同而带来瞬息万变的口

感，因此要求制茶师傅通宵蹲守，每半小时观察一次，通过感知空气温度、湿度对其进行调整。武夷岩茶制作技艺其中的艰辛复杂可想而知。

从1989—1991年，九龙山茶场的茶叶在武夷山全市毛茶质量评选中，连续三年获得梅占类第一，肉桂类、水仙类第二的优异成绩。

其中的付出外人难以想象。刘国英告诉我们，每逢制茶季节，采下的茶叶没有制作完，是不能回家的。为了把控制茶工序的每个环节，提高成茶品质，团队人员经常几天几夜不能合眼。

"吃不了苦，做不了好茶人。每个行业领域都有这样的规律。当你沉下心做一件事情时，随着实践越丰富、研究越深入，越能发现其中开拓和突破的空间。"

踏遍青山的苦与乐

茶界泰斗陈椽先生生前高度评价武夷岩茶的工艺，称"武夷岩茶的创制技术独一无二，为全世界最先进的技术，无与伦比，值得中国人民雄视世界"。前辈们把茶叶作为自己一生的事业，这令刘国英敬佩不已。

"作为后辈的茶叶专家，讲初心好像太高调了，我仿效前辈们，一心一意做好茶叶。我接任武夷山市茶叶协会的会长之前，已经做了不少茶叶科技推广方面的工作。我的专业就是茶叶科研，作为南平市的首批科技特派员，很早开始做公益事业。我担任会长后，协会还策划展开了很多活动，传播茶叶

技术，宣传茶文化，组织武夷山市的斗茶赛。凡是对茶产业发展有利的事情，我们都积极去做。长期跟着我学做茶的，我就认他做徒弟；听过我讲课的，我就认他是学生。现在，我的徒弟们个个都很出色，比如说黄村的党支部书记黄正华，做茶的技术过硬。他创办了茶叶合作社，自创品牌'茗川世府'。还有创建'溪谷流香'品牌的叶嘉亮，他从制茶工艺到市场营销都做得很好。我有上百个徒弟，个个踏实做人做事，做茶水平高，这是我最欣慰的。"

"从事茶叶科普实践和指导茶农种茶、制茶的过程中，我感觉许多科学道理光靠嘴巴向茶农宣传是远远不够的，还得有配套的示范基地，让茶农看得见、摸得着，他们才会信服。"

于是，1993年，刘国英筹资开发了一百亩茶山。1997年，他开始筹办自己的岩上茶叶科学研究所。在各级政府领导的支持下，承接了福建省茶叶科学研究所的新品种区试研究，为进一步研究武夷岩茶创造了更加有利的条件。凭借这个基地，他

和团队不断研发制作出高品质的武夷岩茶，在国内许多茶赛中先后获得了"茶王""金奖""名茶奖"等奖项。每年还在武夷山市的主要产茶乡镇举办十多期的茶叶培训班。1999年，科技特派员入村之初，武夷岩茶的加工水平总体偏低，茶树品种搭配也不够合理。他在武夷山的天心村考察调研，深入村里的茶园、茶厂，思考解决对策。2003年，他编写了农村实用技术丛书《武夷岩茶的栽培管理与加工制作》，赠阅给茶农和茶叶企业。2007—2023年，刘国英和团队还开展了三期茶叶技工技师和高级技师的评定工作。因此，他们的茶业同业公会先后被评为"福建省科普惠农兴村先进单位""全国科普惠农兴村先进单位"。

近年来，武夷山市各级党委、政府不断加大对武夷岩茶的宣传力度，致力走出一条茶旅结合的乡村振兴路子。为了响应政策的号召，也为了自己热爱的事业，每到一个地方，刘国英总想着尽可能把自己二十多年来的经验积累，无偿地传授给所有茶农。他发自肺腑地希望武夷山能形成"种茶人讲茶园管理、制茶人讲品质、卖茶人讲诚信经营"的氛围。刘国英还组织茶叶企业参加政府主办的"浪漫武夷，风雅茶韵"茶旅系列推广活动，在福州、北京、广州、上海、厦门等地开展大型的武夷岩茶宣传推广活动，组织茶叶企业参加海峡茶博会和全国各地的茶叶博览会。

2008年，他牵头主办了《问道武夷茶》月刊，这是第一本宣传武夷茶的专业杂志，得到了武夷山市委、市政府的大力支持。他希望从理论和实践相结合的角度，让更多的社会群体对武夷岩茶的文化魅力、制作工艺有更深层次的了解，更好地提升武夷岩茶的知名度和美誉度，为武夷岩茶进入千家万户创造更好的市场营销环境。

一片冰心为"斗茶"

斗茶又称茗战，起源于唐朝，到宋朝已发展成为民间盛行的茶事活动。后来斗茶逐渐发展成为一种风俗，变成一种茶叶的评比形式和茶艺活动。

"年年春自东南来，建溪先暖冰微开。溪边奇茗冠天下，武夷仙人从古栽……"范仲淹的《和章岷从事斗茶歌》中把茶叶的产地、斗茶的形式、斗茶的目的等写得非常详细，可见斗茶由来已久。当时在宋朝全国各地，乃至皇室宫廷都盛行斗茶。

"北苑将期献天子，林下雄豪先斗美。"斗茶始于武夷山民间，最终目的是选出好茶作为贡茶献给朝廷，斗茶风气也由此一并传播到了朝廷。宋咸平初年（998年），丁谓任福建漕运使，多次到建州视察茶事并督促制茶，在建州首次制造出工艺精细的"龙凤团茶"。据《画墁录》记载，当时的龙力凤茶"不过四十饼，专拟上供；虽近臣之家，徒闻而未尝见"。蔡襄于宋庆历六年（1046年），任福建路转运使，进一步造出小龙凤团茶。"其品绝精，谓之小团。凡二十饼重一斤，其价值金二两。然金可有而茶不可得，每因南郊斋，中书、枢密院各赐一饼，四人分之。官人往往缕金花于其上，盖其贵重如此。"丁谓著有《建安茶录》，蔡襄著有《茶录》，都是陆羽之后最有影响的茶学专著。两宋时期，因当朝皇帝都是爱茶者，推动了上层社会的爱茶风尚，同时也引发宋代茶学研究风行。宋徽宗赵佶亲自撰写的《大观茶论》，集建州茶事之大成，详细记录了建茶的历史与产地、种植、制造、冲泡、品饮的全过程，标志着当时中国茶文化的最高成就。

现代"斗茶"出现在中华人民共和国成立后，随着茶叶生产的恢复，茶叶评比的活动越来越多，除了"斗茶"，还有"茶王赛"和"茶叶评比"。

武夷岩茶真正的斗茶模式始于2001年。当年，正是刘国英和他的团队在武夷山发起了首届民间斗茶赛——武夷山第一届"状元杯"民间斗茶赛。斗茶和茶王赛的氛围有所区别，斗茶之人各拿一泡茶，并且需要第三方评判，否则可能出现相持不下的局面。斗茶的形式可以多种多样，但和茶王赛的根本区别，在于参赛人的身份。参赛者既是斗茶之人也是评委，这是斗茶的特点。如果参赛人不是评委，则是茶王赛，或者叫茶叶评比。选择"斗茶赛"而非其他赛事，刘国英有着自己的考量。"因为参赛人是评委，所以斗茶赛的效果会更好。参赛的人他喝到自己的茶，也喝到别人的茶，有更切实的对比和了解。没有中奖的参赛人，赛后会再去研究工艺，提升品质。"一个斗茶赛现场，分为专家评比和大众评比两个部分，整个斗茶赛具有茶叶制作技艺交流的功能。最早开始组织斗茶赛时，专家评委和大众评委的分数所占的比例是一样的。后来发现，茶叶专家得益于长期研究，更专业一些。大众评委中无论是参赛者，还是外来的客商和茶人，品鉴能力参差不齐。所以，提高了专家的评分比例，降低一些大众的评分比例，三种身份的评委代表了茶叶行业的三个阶段，做茶的、买茶的、喝茶的，把几个不同层次的茶人的喜好标准综合在一起，由一两个专家认可的好茶，厂家不一定认可，或者消费者和市场不一定认可。现在评委由多个层次的人组成，参与者有广泛性，结果有代表性。

斗茶赛后的良好反馈让刘国英开心不已："第一，参赛者也是评委，对他们制茶技艺的提升促进更明显；第二，对新茶的推广效果也更好，前来的茶友、经销商都是评委，他们对好茶的标准了解更直观，体验更深刻，市场推广的力度也会更大，同时，提高大众对斗茶赛事的参与热情，对现场氛围的营造也有好处，斗茶赛其实就是让大家'交流、促进、提高'；第三，斗茶赛的模式真正体现公正公平。我们从收茶样开始进行两次以上的密码编排。其中一次编码是暗码，在结果没出来之前，无论你是参赛者、工作人员还是评委，都不知道哪个茶样是谁送的，密码是在结果出来以后，在公开场合解密的，不能私下偷偷地解密。只有做到全程保密，才能体现公平公正。"

"斗茶赛中总共的获奖名额，比如说茶王一个，金奖三个，银奖五个，优秀奖十个。我们取十名进行总决赛，总决赛排名还要淘汰一个，作为优秀奖，剩下的就是银奖、金奖，或者茶王。这样排名的话误差就不会那么大。我们把斗茶的设置流程公开化，从第一届斗茶赛到现在，整整二十二年了，没有出现任何有失公允的问题，没有接到任何参赛者的投诉。"

"做茶"真如"做人"难

武夷山古称崇安，属古建州辖区，武夷岩茶是建州茶的重要组成部分。建茶的历史，可以远溯到汉代。南北朝时建州就有种茶和茶叶加工生产。唐朝开元、天宝年间，建州境内已盛产茶叶，且茶叶制作已从草茶向蒸青茶过渡。后唐时，建溪流域成为江南著名的茶叶产区，所产茶品被地方官员列为每年上贡之品。

作为古建州的主要茶产地，武夷岩茶在盛名之下如何走出自己的当代风采，这是所有武夷岩茶从业者的共同使命。

"岩茶的灵魂是'活、甘、清、香'，其品质特点离不开传统的制作工艺。'活'字很玄妙，是从物质层面上升到精神层面的感觉，所表现的是岩茶的变化。每泡茶可能风格特征都不一样。具体到每泡茶上，给人感觉是变化无穷的。每一次冲泡，茶的香气、滋味可能都不一样。比如说一泡肉桂，第一冲花香馥郁，滋味绵柔；第二冲可能花香中带着果香；第三冲可能果香更突显……而茶汤在口中持久留香，其香气也因前、中、后段而有所不同。所以，'活'是岩茶最大的特点，富于变化。'甘'即甜。所有茶类都有'甘'，只是程度不一样。但岩茶回甘的浓烈程度会比红茶、绿茶强很多，所以将'甘'列为评判岩茶好坏指标的第二位。'清'则是指岩茶要做得茶汤澄澈、水路清晰、滋味纯粹、没有异味。'香'也是所有茶类兼具的特征，但是岩茶的香型种类、浓郁程度以及所带来的品饮效果，都具有独特的魅力。"

"业界有句古训，做茶如做人。主观因素和外部条件，需要同时考虑。成就一款好茶，需要天时、地利、人和。不一定非得是岩茶核心产区'三坑两涧'的原料，但一定不能是茶山管理不善的原料；不一定是非遗大师的技艺，但一定不能是不讲究极致的工艺。此外，优秀的茶树品种和一流的采摘气候也是做出好品质岩茶的必备条件。我们对茶叶品质的追求是综合性的，品种、山场、气候都是原料的基础，在此基础上，通过工艺赋能，茶叶的内质才能更好地被表达出来。清代名臣、经学家梁章钜赞誉'武夷焙法，实甲天下'，正是如此。全面了解岩茶的工艺和影响因素，才能更好地判断茶叶的好坏，也

有利于为市场、消费者提供好茶。"对每个种植采摘细节的严苛，对综合性品质的追求，是对茶业的严谨，对购买者的负责，也是他对人生的态度。

2006年，武夷岩茶（大红袍）制作技艺，成为第一个被列入首批国家级非物质文化遗产名录的茶类。这份殊荣的背后，是一代代武夷茶人的智慧和汗水。

牢记习近平总书记的殷切嘱托

2021年3月23日，习近平总书记专程来到武夷山市星村镇燕子窠生态茶园，察看春茶长势，了解当地茶产业发展情况。他称赞武夷山物华天宝，茶文化历史久远，气候适宜，茶资源优势明显，又有科技支撑，形成了生机勃勃的茶产业。作为武夷山市的首批科技特派员和武夷岩茶制作技艺传承人代表，刘国英当时有幸随同讲解介绍。"我向习总书记汇报了南平市科技特派员制度和产业发展的情况。从2016年至今，武夷山生态茶园示范面积累计超三万亩，为福建省生态种植提供了可推广可复制的解决方案。作为福建省茶叶主要产区，武夷山市从事茶产业已有十二万人，超过当地人口的一半。"

"习近平总书记对于我们科技特派员队伍很关心，听说我们'科特派'通过技术传授的方式，指导茶农增收致富，他十分高兴。武夷山市因茶兴业，受益致富的茶农不在少数。这要归功于二十一年前南平市开始推行的科技特派员制度。"

1999年2月26日，南平选派首批二百二十五名科技人员，深入二百一十五个村开展科技服务。2002年，时任福建省省长的习近平，对这项工作进行专题调研，在《求是》杂志刊发《努力创新农村工作机制——福建省南平市向农村选派干部的调查与思考》，指出这一做法是市场经济条件下创新农村工作机制的有益探索，值得认真总结。2019年10月，科技特派员制度推行二十周年时，习近平总书记作出重要指示，指出科技特派员制度推行二十年来，坚持人才下沉、科技下乡、服务"三农"，队伍不断壮大，成为党的"三农"政策的宣传队、农业科技的传播者、科技创新创业的领头羊、乡村脱贫致富的带头人，使广大农民有了更多获得感、幸福感。要求坚持把科技特派员制度作为科技创新人才服务乡村振兴的重要工作，进一步抓实抓好。

"在燕子窠生态茶园，习总书记殷殷叮嘱我们，要总结科技特派员制度经验，继续加以完善、巩固、坚持。要把茶文化、茶产业、茶科技统筹起来，把过去作为脱贫攻坚支柱产业的茶产业，变为乡村振兴的支柱产业。他强调，要统筹做好茶

文化、茶产业、茶科技这篇大文章，坚持绿色发展方向，强化品牌意识，优化营销流通环境，打牢乡村振兴的产业基础。要深入推进科技特派员制度，让广大科技特派员把论文写在田野大地上。习近平总书记的指示高屋建瓴，为武夷山的茶业发展指明了新的方向，对于我们茶业科技工作者更是莫大的鼓舞和鞭策。"

结　语

"回顾我过去的工作和生活，除了各级组织和领导的培养，还要感谢无条件支持我的家人。我的女儿从小耳濡目染，对茶叶还是很感兴趣的。当然，她不一定像我这样专业，从茶叶的种植、加工、鉴评一条龙全通。我不敢奢望她成为父辈一样的茶叶专家，因为这需要漫长的历练过程，还有各方面因素的影响。女儿的人生道路应该由她自己选择，她能健康快乐平安，才是父母最大的心愿。我对家庭亏欠的太多，但是鱼与熊掌不可兼得，人生之路大抵都是如此吧。"

静水深流，在武夷山秀美雄奇的怀抱里千回百转，温润滋养着绵绵群峰之间的万物生灵。那沟壑岭坡中的翠绿田畦，岁岁年年延伸着武夷人家的无限希冀；那悠悠传响的婉转茶歌，此起彼伏陪伴着奋进者的坚实步履。

刘国英，一个生命里浸透着岩骨花香的智慧茶人，痴痴立足于家园芬芳富饶的土地，他深情的目光永远投向辽阔的云天、绚丽的虹霓……

苏福伦：
诚意正心，大爱向善

□ 罗罗

【人物名片】

苏福伦，1948年7月出生，1965年11月参加工作。现任福建省闽商资本联合会会长、厦门市泉州商会首席创会会长、厦门苏颂科技教育基金会长，曾担任厦门市内联企业协会会长、厦门市侨乡经济促进会会长，以及有"最牛商会"之称的厦门市泉州商会首席会长等职。他是北宋杰出的天文学家、天文机械制造家、药物学家、"富贵两忘心不动，却顾名利轻如毛"的苏颂的第二十六代孙，他是厦门总部经济的率先倡议者，他是中国泉商商帮品牌的旗手，是"闽商大爱、资本向善、共同富裕"的倡导者。

前 言

　　古之欲明明德于天下者，先治其国；欲治其国者，先齐其家；欲齐其家者，先修其身；欲修其身者，先正其心；欲正其心者，先诚其意；欲诚其意者，先致其知。致知在格物。物格而后知至，知至而后意诚，意诚而后心正，心正而后身修，身修而后家齐，家齐而后国治，国治而后天下平。自天子以至于庶人，壹是皆以修身为本。

——《礼记·大学》

"专业会长"苏福伦

　　苏福伦生于1948年，幼时丧父，没怎么与父亲相处过，却因父辈的海外嫡亲关系受过一些委屈，成长中经历过他们那一代人特有的动荡与不安，他所经历的苦难之深刻远甚他人。

　　三十多年来，苏福伦担任过多个社会组织会长，任职期间他总能创新会务制度，为会员、为政府、为社会创造价值，被誉为"专业会长"。

　　苏福伦欣赏闽商"敢为天下先"以及"爱拼才会赢"的精神。他的偶像是所有苏氏子孙引以为傲的苏颂，苏福伦的一生深受其影响。

　　如今，七十多岁高龄的苏福伦仍然活跃在商业和商帮舞台。二十余年办企业的历练、三十余年任会长的经历，囊括了苏福伦人生的重要阶段，也赋予了他独特的传奇色彩。

闽商精神的浸润、家族文化的传承、人生的坎坷历练是如何汇聚成一股无形的"内驱力"影响着苏福伦，令其在人生起起伏伏的岁月里修身明志，并收获精神盛宴的呢？让我们一起走进苏福伦的"苏氏家风"，听一听他的家风故事。

"规矩"就是我们家的文化，文化是我正心向善的修身之本和立命之根

"我们这一代人是很讲究规矩的，家有家的规矩，企业有企业的规矩，社会有社会的规矩。规矩一旦被破坏，人就像一艘失去导航的船，失去正确的方向。如果价值观是一把尺子，那么这把尺子就是规矩，规矩就是文化。无论是个人、家庭，还是企业，文化是成长的根本。中华民族有着很多优秀的传统文化，是老祖宗留给我们的宝贵财富。正是这些文化凝聚的力量，鼓舞着我们一代又一代人。"提起"规矩"苏福伦认为这得益于他母亲的教导。"我的父亲是华侨，早年在新加坡做中药材生意，在我出生仅三个月时，他就去世了。母亲在泉州老家，含辛茹苦把我抚养成人。小时候的艰辛无法言说，但是，无论面临多大的困难，母亲总是教育我们要懂'规矩'。小时候家里没有饭吃，邻居正在家中吃饭，饭菜香从墙外飘过来，对一个小孩子来说，这是非常大的诱惑。母亲让我回屋去，因为看别人家吃饭是非常不礼貌、没规矩的行为。母亲的话至今仍清晰地印在我的脑海里，'规矩'两个字也从此成为我一生的行为准则。只有守规矩，才能守住内心，守住做人做事的原

则和底线。"

苏福伦曾担任福建省电力建设工程公司总经理等重要职务，可以调动的资源很多，可他从没有为自己和家人谋利，就连老家盖房子时用的钢条都是从市场买的。他的堂弟曾拿这件事调侃他。

"规矩是什么？我认为，规矩是一种必须刻入骨髓的做人的文化。在家，要尊师重教、孝敬父母，谨遵先贤的家训；在外，要克己奉公，不能占不该占的便宜。做人有了规矩，才能坐得正、行得稳。我也这样教育我的孩子。我没有想过让我的孩子从商。我鼓励他们做自己热爱的事，过自己想过的人生。我没有带他们走进我的政商圈子，也没有给我的孩子资源。我希望他们能通过自己的努力在自己擅长的领域做出成绩、实现价值。"

说起自己的孩子，苏福伦像天下所有的父亲一样，一脸的骄傲和慈爱。

他至今得意的事情之一，就是他培养出了一个钢琴家、一个小提琴家和一个小科学家：大儿子是"文革"后福建省首批儿童钢琴比赛的优胜者，连续五年获得第一名，在全国十四座城市的联合比赛中名列第五，现任教于厦门大学艺术学院；女儿获得英国皇家音乐学院本科、硕士学位，曾任香港乐团首席小提琴手；小儿子是武汉软件工程大学毕业的高材生，大学期间已拥有自己的独立实验室，如今在上海ABB企业工作。

苏福伦从海军退伍后，转业到当时的福建省水电厅工作，后来被派到电力厅下属企业——福建省电力建设工程公司担任总经理。苏福伦是在福州的十九年间完成的"成家"这件事。

大儿子和女儿都出生在福州，他们经历过"文革"的动荡。那个时候，妻子在百货公司上班，上班时间较长，家庭主要靠苏福伦操持。除了上班，苏福伦还要负责孩子的饮食起居，他每天骑上自行车，前面载着女儿，后面捎上儿子，接送他们去六公里外的鼓楼学琴，一天往返四趟，行程四十八公里。

担心被人当作"恋四旧"典型，他会用军毡、棉被捂严家中的窗户，让孩子练琴。后来，儿女多年勤学苦练的琴艺终于展现出了价值。

苏福伦坚信：动荡是暂时的，传统文化必有回归的一天，艺术是人类走向伟大的必经之路。

"文化很重要。社会如果没有文化作根基，是会乱的。"苏福伦一直鼓励孩子们多接触文化艺术，他坚信，文化和艺术对人身心的滋养作用是很大的。从小在艺术氛围中浸染长大的孩子，会更加热爱生命，更懂得感恩。"我很高兴我的孩子都找到了人生的奋斗目标，并且一直遵守着我们家的'规矩'——在外努力工作，积极奋进，不占人便宜，不惹是生非。我的大儿子是学钢琴的，现任教于厦门大学艺术学院。厦门大学艺术学院有个领导是我的朋友，他只知道学院里有个叫苏绍捷的老师，却不知道那是我儿子，后来在一次偶然的聊天中才知道这件事。小儿子大学毕业向ABB公司投了简历，厦门软件园的一家企业也朝他伸出了橄榄枝。当时ABB公司还没回复消息，所以他先去软件园上班。这家公司非常器重他，给刚毕业的他开出八千多的月薪。可是上班不久后，ABB发来了录用通知。小儿子顿时陷入两难：一家是大型跨国企业，平台大，机会好；一家是自己已经去报到的厦门企业，违约的话不合适。"

"我问儿子：'准备怎么处理？'他告诉我，他不想放弃好的平台，但也不想亏欠现在善待他的企业。他打算开发出几个技术专利和厦门的企业共享，作为补偿和回报。如此一来，既能照顾到自己的梦想，也能守住'不占人便宜，不亏欠人'

的规矩。"

小儿子的行为让苏福伦倍感欣慰，孩子不仅学业有成，而且明事理。

苏福伦这些教育子女的经验后来被拍成纪录片《榕城赋》，在福建电视台播放过。

"我的母亲没什么文化，我的父亲早逝，再加上后来的时代环境，我没有机会接受系统的教育，但是我母亲教给我的'规矩'二字却是无价的，这两个字就是我们家的文化，是我们家庭要遵守和传承的根本，也是我总结为人处世大半辈子的行为准则。"

诚意正心是我做事的规则，是一个人价值被认同的根本

1997年，四十九岁的苏福伦从国家能源部物资局离开，当选了厦门市内联企业协会的会长。这是当时最大的民间社团，是厦门改革开放联系海内外企业家、招商引资的桥梁。

任职期间，他开拓进取，率先会务，创办了"文化创意工作委员会""科技工作委员会""投融资工作委员会"，为会员提供更加优质的服务，并与建行合作开创"泉商互助通"为中小企业解决融资难题。他热络团结，与海内外两百多个闽商社团缔结友好合作伙伴，提供信息平台及商机。这为泉、厦两地的经济文化建设奠定了更加坚实的基础。

2020年11月29日，苏福伦连任福建省闽商资本联合会第二届理事会会长，这是他担任过会长的第四个社会组织。由

于三十年间，苏福伦虽担任不同社会组织会长，但总能创新会务制度，为会员创造不同程度的价值，因此被誉为"专业会长"。

还有一件事让苏福伦引以为傲——他一手创办了厦门市泉州商会，创建了中国泉商会馆。

2003年，部分在厦泉籍企业家和老领导向苏福伦发出邀请，力挺他接手当时几乎处于停滞状态的厦门侨乡经济促进会（以下简称侨促会）。

"侨促会由在厦泉籍知名人士和离退休干部发起成立，当时的处境尴尬——厦门刚经历远华案件，经济形势持续低迷，非常时期下，会费都收不齐，更不用提召开会员大会了。"

苏福伦同意接任侨促会会长一职，但附加了一项条件——同时筹建厦门市泉州商会。说起原因，苏福伦解释道："以侨促会的组织架构，很难把泉州企业家吸引进来。一方面，厦门离泉州很近，乡情意识不会太浓，不少泉籍企业家还没从远华案件的阴影中走出来，没钱也没闲。另一方面，泉州很多企业家功成名就，经济实力难分伯仲，要把这些成功人士整合到一个平台并非易事。"

苏福伦为此制订了一系列严密的推进方案。

他策划了一整套总部经济的概念,并发起了一场"厦门总部经济"研讨会。"我想推动厦门发展总部经济。厦门土地资源紧缺,发展大工业后劲不足,但区位优势明显——它是最早的经济特区之一,所以放眼福建省,厦门有发展总部经济最好的条件和机遇。"

苏福伦争取到了四十位在厦泉籍企业家的支持,每人认捐了五万元,这笔钱后来被用于筹备厦门总部经济研讨会。作为回报,他向企业家们承诺,为他们每人争取按参考成本价购买的五百平方米办公楼。

研讨会能不能开得起来?办公楼在哪?这些都存在着不确定性。但苏福伦闷声不响,逐一推进,这是他的办事风格:"坚信可行,就力排众议,果断地往前走",于是2005—2009

年掀起了中国厦门总部经济新浪潮。

"2005年10月，研讨会在厦门宝龙大酒店如期举行。会议的规格之高给了当时的厦门政府莫大的惊喜——会议邀请到了北京市社会科学院和国内十所名校的专家学者，以及海内外商协会的会长、秘书长，共四百多人出席活动。"按照既定方案，会议主题着重"论证厦门发展总部经济的优越条件和政策依据"，并推进实施"2006年世界闽商厦门行"活动。总部经济建设的大幕徐徐拉开。

"根据公开信息，在那波浪潮的带动下，厦门观音山、五缘湾商务中心，以及各区的工业厂房中，新入驻企业有六成以上来自泉州，随着七匹狼、恒安、安踏、特步、九牧王、鼎丰等一批上市公司和品牌企业总部大厦的落成，带动两千多家企业入驻厦门，厦门本岛东部初步形成了'总部经济带'。所以我当初给四十位企业家的承诺也得以兑现。筹建中的厦门市泉州商会以众筹方式，向政府争取到了观音山九号楼的整体认购

权和分配权。我不仅向企业家们退还了没有用完的一百万元研讨会认捐款,而且让他们每人按成本价购买到写字楼的面积达八百平方米。"

苏福伦不仅创建了中国泉商会馆,创新了创会会长推选形式,还把大批泉籍成功企业家整合到了厦门市泉州商会平台。在商会管理中,他又创新会务机制,健全商会自身能力建设体系。纵观中国商会发展史,苏福伦创建厦门市泉州商会的过程堪称经典,无论对于异地泉州商会的运营,还是助推中国各地商会发展,都极具借鉴意义和参考价值。

2009年,苏福伦组织了一次赴天津滨海新区考察之旅,成员由泉、厦企业家组成,苏福伦在接待晚宴上以考察团团长的名义,正式宣布了"厦门市泉州商会即将成立"的消息。

2010年,厦门市泉州商会成立庆典举行时,共推选了柯希平、丁志忠、周永伟、许华芳、黄庆祝、孙淑芳、洪明显、方庆明、王春风、黄忠义等五十五位知名泉籍企业家担任创会会长,建成了厦门市泉州商会的创会平台。仅改革创会会长这一项,厦门市泉州商会的会费收入增加了一千多万元,提升了商会的品牌价值。

"今天的厦门市泉州商会已经被誉为'最具经济实力''最具影响力''最具号召力'的AAAAA级主流社团组织,拥有一千六百多平方米、自有产权的中国泉商会馆固定馆址,年接待近两万人次。"

在协会中,苏福伦始终把"文化"和"规矩"放在首位。

"一个协会要有公信力和凝聚力,很大程度上取决于会长的言行。这几年我四处考察交流,费用都是自掏腰包。我任会长期间,规定协会领导出差要自己付费,不占用协会的资源。这是协会该有的文化和规矩,只有这样,协会才能发展好,才能激发会员的向心力。心正,意诚,才能得到更多人的支持,使事情向积极的方向发展。这是每个人应该具有的品质，也是我推崇的文化。"

"我是个没有钱的人，却当着'有钱商会'的会长。"说这句话时，苏福伦透着几分自豪。

在体制内外摸爬滚打了大半生，苏福伦见过了太多恩怨是非。他在福建省水电厅工作时，同年同批获准"松绑"的福建企业家，现在仍投身于商场的已经找不出几个了。如今这个年纪还能如此从容地活跃在一方舞台上，从事着一份有意义的社会公益事业，他很知足。

闽商力量的知与行：
中华文化力、民族精神力和社会道德力

苏福伦不仅是中国优秀传统文化的推崇者，也是闽商精神的积极拥护者和推广者。作为多个商协会的会长，几十年来，苏福伦打交道最多的就是闽商。他曾总结了闽商、泉商三大核心精神力。

"闽商真的很了不起，闽商在海内外枝繁叶茂。仅仅一个泉州就有一百多家上市公司和两百多家品牌企业，泉商在引领闽商走向全国和国际化的道路上起到了良好的示范作用。我认为闽商的行为准则，无处不是深烙着'中华文化力、民族精神力和社会道德力'。当今时代，融合了闽南文化、华侨文化和海洋文化的闽商代表——中国泉商，挥洒着中华文化力、民族精神力和社会道德力，正逐步成为举世闻名的商帮品牌。"念

福建省闽商资本联合会第一届会员代表大会
2014年11月14日

祖爱乡的传统文化是闽商得以发展的根本。文化是内驱力，让闽商更果敢，更有魄力，同时更懂得顺势而为。无论闽商事业版图扩展到哪，事业做得多大，他们都心系乡梓。"我们协会很多闽商企业家非常热心公益，为家乡捐资助学、搭桥修路。仅我任职会长期间就至少参与了两百多个公益项目：修路的，捐资建校的，修缮宗祠的……闽商，对于家乡有着非常深厚的感情，因为这是我们福建人的根。所谓的家风，不就是家的根吗？有人说，做商会的会长要么有钱有实力，要么有很强的号召力。而我，没什么钱，也没有特殊的才干。我觉得自己最大的优点是念祖爱乡；最大的愿望是融入社会、做个热心人。几十年来，我一直致力于推动协会的发展，坚持创新，坚持'以乡情为基础，以商情为纽带，以社会为己任'的办会宗旨，不断创新会务。在我看来，'闽商'不是一个名词，而是一种精神和责任。厦门市泉州商会是闽商精神的代表，这与闽商的发展根基和成长土壤是分不开的。我们福建人，尤其闽南人很注重家庭教育，老一代闽商大多非常传统，规矩很多，对宗祠和家乡有着很深的敬意和情意。念祖爱乡是闽商很明显的特点。正是基于乡情纽带和共同发展的愿景，才有了商协会发展的根基。我很感谢所有支持和帮助过我的闽商企业家们、朋友们。"

闽商身上与生俱来的中华文化力，像参天大树的根系一般，深深地扎根在闽地这片土壤里，指引着闽商去向更广阔的世界。

"热爱我们的国家和民族，这是中国人血液里流淌着的一种与生俱来的使命感。这股使命感让海内外闽商充满了发展的强大动力，本着不给国家丢脸、不给当地政府添麻烦的朴素观念，闽商在海外很受欢迎。闽商在海外的企业不仅带动了当地的经济发展，帮助解决当地人就业问题，也把中国人吃苦耐劳、勤奋创新的拼搏精神带了出去。'海上丝绸之路'也是闽商精神的传播之路。"

厦门市泉州商会曾发起过"厦门号"无动力帆船重启海丝路环球航行的活动，被称为惊世"壮举"。八名航海勇士驾驶着和古代性能相差无几的无动力帆船，重走一回海上丝绸之路，历时三百多天，航程两万多海里，于2012年8月11日回到南海的三沙市宣示主权，并率先在三沙发起设立"双拥基金"。不只是泉商、闽商，全球华人都为之振奋。帆船所到之处，受到了当地华人最高规格的接待。这项活动不仅进一步弘扬了"爱拼才会赢"的闽商精神，也加强了世界华人与祖国的联系。"中华文化力、民族精神力和社会道德力，我想，这就是闽商的力量吧。"苏福伦总结的"三力"很好地勾勒出闽商的精神风貌，也总结出闽商家风得以发扬的原因。

2015年，厦门市泉州商会完成换届选举，苏福伦主动退居二线，但不甘寂寞的他并没有停下来，福建省闽商资本联合会向他发出了邀请。

苏福伦办公室挂着一幅书法，上面写着"凝聚闽商力量，共筑资本梦想"。

"资本是社会主义市场经济的重要生产要素。我希望福建省闽商资本联合会能够推动、对接全球范围内的闽商投融资，借助资本的纽带让闽企走向国际，同时吸引海外闽商回乡，支持福建经济建设。'闽商大爱、资本向善、共同富裕'既是福建省闽商资本联合会的理念，也是联合会的口号，更是联合会的核心观念。"

"大爱""向善"无疑都是闽商文化价值观的关键词，苏福伦又一次在新的平台将其发扬光大。

苏氏家训的传承：持家以孝、治事以公，奉行耕读为本、诗礼传家

作为苏颂的第二十六代孙，苏福伦将苏颂看作他人生最重要的导师，苏氏家训也深深影响着苏福伦。在苏福伦眼中，苏颂不只是苏氏一族的精神财富，还是中华民族的一面光荣旗帜——一位有国际影响力的人物。苏颂既是政治家，也是北宋时期的科技巨星，曾被英国人誉为"东方的达·芬奇"。

苏颂，北宋著名科学家。他主持创制了世界上最早的天文钟——水运仪象台，主持编著的《本草图经》是中国古代药物学巨著。李约瑟曾高度评价苏颂"是中国古代和中世纪最伟大的博物学家和科学家之一"。苏颂还是一位出色的政治家，历经五朝，宋哲宗元祐年间（1086—1094）升为宰相。他为官清正，远避权宠，不立党援，遵制守法，顾全大局，团结各民族，颇得民心。

"苏颂一生从政。二十三岁入仕，八十七岁拜太子太保，始

终把'惠爱于民'作为最高使命。一位官吏能否清正廉洁,其根本在于他是否爱民。凡真心诚意为民谋利的官吏,皆一身正气、两袖清风;而那些以晋升和谋私为目的的官员,绝大多数陷入了贪污和腐败的泥淖。我读苏颂的事迹,总是心怀崇敬。"

在苏颂故居,有一副后人摘录苏颂诗句的楹联——"世胄相传清白训,源流同是子卿孙"。这副楹联将苏颂作为名臣贤相及其后代清廉从政的家族基因展现得淋漓尽致。

"苏颂出生在'七世仕本朝'的望族,苏氏有诗礼传家的传统。苏颂的广博知识与其祖父苏仲昌的严格家教是分不开的。苏颂的父母对苏颂更是精心培养,其父苏绅每到一地任官,都要为苏颂延请教师,设学厅,并让叔父及名人子弟与之同读,一刻也不放松对苏颂的教育。后来苏颂叔父苏缄及家人为国捐躯的壮烈之举,也深刻影响着少年苏颂。"

苏颂的知识和品德都得益于家庭教育,所以他对家教格外重视。他留给后人的家教资料除了《魏公谭训》,还有《芦山苏氏大宗总族谱》中经他修订的《苏氏家规》以及寓于其他诗文中的家教言论。

苏颂后人及现代研究者将苏颂的家教思想总结为以下四个方面。

一是重视文化知识。他给子孙的诫言是"非学何立,非书何习,终以不倦,圣贤可及",要求子孙做到"广读博学""学贵于勤"。

二是道德先于文华。在"万般皆下品,唯有读书高"的科举社会中,苏颂重视的不仅是文化知识的教育,还有道德操守的培养。苏颂"道德为先"的核心是恪尽职守,忠于国家。他在《魏公谭训》中不止一次地颂扬其叔父苏缄为国捐躯的壮烈事迹,要求子孙世代牢记并将其精神发扬光大。苏颂要求"道德为先"的另一个方面是要求子孙淡泊寡欲、诚信不欺。

三是身教重于言教。苏颂要求子女做到的,自己必先做到。他处处以"行完学富"的标准来衡量自己。在苏颂大量的家训言论中,多数是以自身为教的遗训,因为他认为身教比言教更有力量。

四是持家以孝,治事以公。苏颂为子孙订立的《苏氏家规》开篇就训示说"凡为子孙,父慈子孝,兄友弟恭,夫正妇顺,内外有别,老少有序"。苏颂还训示子孙"处事必公""为官必廉",他自己更是以身作则,无论关系亲疏,官场上都一视同仁。

"'富贵两忘心不动,却顾名利轻如毛'的苏颂身上有着儒家思想的伟大品质,他博学多才、善于思考、严于律己、为官清廉,值得我们后代子孙铭记学习。作为后人,设立厦门苏颂科技教育基金会,就是为了能让更多苏氏子孙学习和传承苏颂的道德品质和务实务学的精神。"苏福伦骄傲地说道。

"苏颂是格物致知的楷模,为官五十多年,他勤政爱民的品德、忠勇报国的精神、公正清廉的情操、尊礼重教的家风广为传扬。后世评价他'探根源、究终始,治学求实求精,编本草、合象仪,公诚首创;远权宠、荐贤能,从政持平持稳,集人才、讲科技,功颂千秋'。我年轻时不了解苏颂的事迹,后来接触家族家训,特别是接手厦门苏颂科技教育基金会后,越来越为苏颂的伟大品德倾慕不已。他是我的偶像,也是我一生学习的榜样。苏氏家风浓缩了一个人理想的优良品质,也是一个家族应该世代传承的精神。它可以通过更多形式传播出去,让世人知晓并从中受益。现在基金会正积极推动筹备'苏颂科技大学',打造苏颂国际IP,拟发起公益性质的'苏颂科技奖'。希望通过这些方式弘扬苏颂的科技创新精神,让世人走近苏颂,了解苏氏文化,并共同学习、弘扬苏颂精神和苏氏家风。"

结语:格物致知、诚意正心、知行观外的家风传统照亮着前路

《礼记·大学》之"八目":格物、致知、诚意、正心、修身、齐家、治国、平天下。知识源于实践,又指导实践。"格物致知"为知之始;"诚意正心"为行之始,是为本;知行观外推于国家和社会,是为末。苏福伦的家风故事让我们看到了苏氏家风"知行合一"的文化传承。他用自己理解的"规矩",怀着"诚意正心""大爱向善",身体力行,做一个苏氏家训、家风的践行者和传承者。我们坚信,格物致知、诚意正心、知行观外、大爱向善苏氏家风传统将一直照亮着苏氏子孙前行的方向。

附录

传承好家风

　　《家风的力量》丛书作为健坤慈善基金会家风公益项目重要内容，很荣幸携手《书香两岸》杂志社，厦门异晨文化，作家陈忠坤、谈一海、罗罗、王坚、蔡竖毅，及编辑、排版设计的老师们共同协作完成这部经典的家风作品《闽商家道》。

　　健坤慈善基金会自2016年成立之初就专注致力于家庭、家教、家风的建设，至今近七年时间里发起并开展多项家风公益项目。在建设、弘扬和传播的过程中以"传承好家风，兴家强国"为己任。"家风的力量"丛书更是最好的对家风的传承和弘扬。

　　《闽商家道》对福建企业家的优秀家风传承进行深度挖掘，梳理出"蔡文胜：我的血液流淌着华侨奋进的基因""姚明：大爱与善，我的家园文化情怀""李亚华：血脉里的坚守与雕琢""罗远良：客家人的家风融入了生命的骨髓，家风传承是我心底的那盏明灯""郑希远：郑姓赋予我的使命，是鞭策我前行的动力""王瑞祥：以味为友，孝道传家""李瑞河：'志在茗风缔大同'""卢绍基：挚爱故土的赤子心，永不停止的追梦人""刘国英：瑶草芳华""苏福伦：诚意正心，大爱向善"等10位闽地企业家的家风传统，及其背后极具闽地特色的家风故事，凝练企业家优秀品格和企业文化竞争力，展现企业家的家国情怀，传播和诠释中华家风文化。

我们希望通过梳理这些企业家的家风故事，来弘扬其坚毅、勤奋、努力拼搏、不畏艰辛、勇于承担的创造和建设精神，让广大青年从中吸取养分，受到激励和鼓舞，传承和进一步发扬民族精神和时代精神，为中华民族伟大复兴而努力。

这正是以小家促大家，好家风带动好社风，兴家强国之路。

健坤慈善基金会　马世樱

健坤慈善基金会
JK FOUNDATION

宗旨：陪伴父母慢慢变老，陪伴孩子茁壮长大
使命：传承好家风，兴家强国

家风丛书公益项目简介

　　家风丛书项目围绕"家庭育品，家教养德，家风立人"的宗旨分为三个系列：

　　第一个系列是讲好模范家庭的家风故事"我的爸爸妈妈"丛书（单卷本）。即一本书通过整理一个家庭、一个家族祖辈传承和今人接续，并继续发扬光大的优秀家风。

　　第二个系列是梳理有着共同背景的优秀代表人物群体，结集成"家风的力量"丛书（合集本）。丛书荣获中国共产党中央委员会宣传部2023年主题出版重点出版物殊荣。

　　第三个系列是"我的家风我的家"家风传承项目。以"血脉传承基因，家风传承精神"为核心，由家庭中青年一代通过微视频、家庭大相册、访谈对话、访学、编著等多种形式相结合；将个体家庭中的家教、家德、家礼、家风清晰呈现和诠释；将个体家庭中代代传承的道德精神和价值观念用现代的极具创新的方式再次蜕变传承。让每代人对"家的信仰"更加深刻，让每个家庭跨越时空的精神财富成为持续照亮家庭传承延续的火炬。

　　以这三个维度来讲好"中国家故事"、树立"中国家榜样"、感动"中国家美德"。家风丛书就是希望以书中的人物为榜样引领、思想引领，弘扬优良家风中蕴含的社会主义核心价值观，讲好家故事，讲好中国故事，建立文化自信，树立和创造新时代的优良家风，为"家庭家教家风"建设提供一些有益的实践成果。

　　有意愿致力于家风传承和传播的各界友人，健坤慈善基金会愿与您共同携手讲好家故事，传承中华优秀家风。